Hypnotism

邰启扬催眠疗愈系列

邰启扬　主　编

李娇娇　副主编

Hypnotism Course

催眠术教程

第2版

社会科学文献出版社
SOCIAL SCIENCES ACADEMIC PRESS (CHINA)

你想成为一名合格的催眠师吗？本书是你走向成功的第一级台阶。

总　序

　　你听说过"巴乌特症候群"吗？那是一生都在拼命工作，突然有一天，就像马达被烧坏了一样，失去了动力，陷于动弹不得的状态。具体表现是：焦虑、抑郁、孤独、健忘、对他人的情感投入低，甚至对性生活也失去兴趣……

　　你听说过现代人身心症吗？表现在外的生理症状是高血压、消化性溃疡、过敏性大肠炎、支气管哮喘以及自主神经失调症等，但致病的根源却是心理因素。服药、打针或其他生化治疗方法每每难见成效。

　　我们有幸生活在一个伟大的时代，经济高速增长，科技日新月异，物质生活水平有了极大的提升。但硬币总有两面，世间的事总是有一利必有一弊，高速度、快节奏、竞争激烈、变化太快的社会生活使得形形色色的心理问题、心理疾病不期而至且挥之不去。据世界卫生组织统计，全球有逾 3 亿人罹患抑郁症，约占全球人口的 4.3%，近 10 年来每年增速约 18%，中国约有 5400 万患者。该组织还预测：到 2020 年，抑郁症会成为影响寿命、增加经济负担的第二大疾病。

除了抑郁症，还有一堆的其他心理问题与心理疾病呢。

怎么办？问题无可避免，应对才是积极的作为！

"邰启扬催眠疗愈系列"丛书向您推介一种心理治疗技术——催眠术。

催眠术具有强大而独特的作用，是解决心理问题，治疗心理疾病的有效工具。

催眠状态下，可以直接进入人的潜意识，绝大多数心理疾病的深层次根源就潜伏在潜意识中。

催眠状态下，可以让心理得到彻底的放松——情绪宣泄，任何一个人在这种宣泄后得到的感觉就是轻松，就是愉悦，就是感到重新有了活力。

催眠状态下，心理暗示的作用将得以最充分地发挥与表现，心理问题、心理疾病会有根本性的改观。

催眠状态下，开发人类潜能、调节心理状态可实现最大的功效。

强烈推荐自我催眠术。自我催眠术除具有上述功效，还有几个更诱人的特点。

自我控制——许多人对看心理医生本身有心理障碍，即害怕被别人控制；担心说出自己的隐私，自我催眠就没这种顾忌了。

简便易学——操作过程简单，经过一两个星期的学习，任何人都可以掌握自我催眠的技术。

方便快捷——随时能进行。初学阶段可能对时间与场所还有一些要求，熟练以后，任何时间、任何场合都可以进行。

不需费用——使用心理咨询师或催眠师的服务需要一笔很大的开支，至少对于工薪阶层来说是如此。自我催眠则不需要任何费用。

如今，催眠术已成为影视作品的话题与素材，它更应当成为人们调节身心状态，提高生活质量的工具，那才是这门学科、这门技术的初心。

1990年我出版了一本小册子《催眠探奇》，至今已过去27个年头。27年间，虽时有种种杂务缠身，但我始终没有离开催眠方面的实践与研究，前后共写了12本催眠方面的书，蒙读者厚爱，还算畅销；也帮助过不少有各种心理问题、心理疾病的人们，虽然不敢说救人于水火之中，但助人走出心理困境后的成就感与幸福感真的是享受过多次，那是一种非常愉快的体验。另外，通过书这一载体，与一批从事心理咨询工作的同人结缘，大家相互切磋、共同提高，不亦乐乎？

本次出版"邰启扬催眠疗愈系列"丛书计七种，它们是：

《催眠术治疗手记》（第2版）

《催眠术：一种奇妙的心理疗法》（第3版）

《爱情催眠术》（第2版）

《自我催眠术：健康与自我改善完全指南》（第 2 版）

《自我催眠术：心理亚健康解决方案》（第 2 版）

《催眠术教程》（第 2 版）

《自我催眠：抑郁者自助操作手册》

其中大部分是以前出版过，印刷多次而目前市场脱销的，也有的是新近的研究成果。

估计读者阅读本系列丛书不是仅仅出于理论兴趣，而是面临着这样那样需要解决的问题。别担心，更不用害怕，问题是生活的一部分，企求它不发生是空想；想逃避它则无可能。唯一的选择是让我们一起直面心理问题、心理疾病；让我们一起应对心理问题、心理疾病。好在互联网为我们提供了沟通的便捷，除了阅读本丛书外，我们还可以在我的微信订阅号"老台说心理"里作进一步交流。

感谢社会科学文献出版社社会政法分社的同人为本丛书出版所做出的种种努力。

路正长，心路更长，我愿与大家结伴同行！

是为序。

邰启扬

2017 年 9 月 28 日

目　录

第一章 概述

一 催眠

（一）催眠界说

催眠是怎么回事？让我们先看权威工具书——朱智贤先生主编的《心理学大辞典》相关条目的解释。

催眠（hypnosis）是指以催眠术诱起的使人的意识处于恍惚状态的意识范围变窄。Hypnosis 一词的词根是希腊文 hypnos，意即睡眠。其实催眠并非睡眠，而是注意力高度集中。在睡眠和催眠时，虽意识范围缩小，但它们的状态不同。前者是处于散漫状态，后者处于最佳状态。此外催眠时的脑电图为 α 型脑电图，与睡眠时的脑电图迥然不同，处于催眠状态时，暗示性增高，判断能力减弱，对催眠者的语言和态度十分敏感而对周围的刺激毫无感受。在催眠者的暗示下可出现各种现象：如感觉缺失、错觉、幻觉、肌强直、肌麻痹、植物神经功能改变、年龄退行（行为表现如幼年时）和其他某些行为。通过催眠者的暗示在催眠解除后可完全忘记催眠中的体验。催眠可作为研究人类心理和行为的的方法，亦可作为一种心理治疗技术。

有意识地利用催眠现象的鼻祖可以追溯至 18 世纪法国的麦斯麦，但"催眠"一词的最初出现是出自 19 世纪一位名为布雷德的英国外科大夫。这位英国医生经过自己的不断探究，对催眠现象由怀疑到相信，并把所有奇异的催眠现象都看成一种人为的睡眠状态。他根据希腊语 hypnos（意为睡眠）一词，编造出英文单词 hypnotism（意为催眠）来表示催眠现象。显然，在布雷德看来，世界上这些神奇的催眠现象不过是以人为的方法使人进入睡眠状态而已。

布雷德对催眠现象的这种解释，只涉及催眠的表面现象，离催眠的实质还相差甚远。目前，学者们均认为催眠状态是一种特殊的意识状态，这种状态虽然是由人为所导致，但是绝不同于睡眠状态，当然也就不是什么"人为睡眠"了。出于习惯上长期沿用"催眠"一词的缘故，人们并没有对该术语作任何改动。

（二）恍惚状态

恍惚状态是个什么样的状态？这是理解催眠的一个关键点。

英国学者迈克尔·赫普所提出的界定是：精神放松、沉浸于内部体验（如想象、记忆和感觉）且与外界正在进行的事件相分离的状态，可以称之为恍惚状态。他还进一步指出，恍惚状态并非只出现于催眠之中，在日常生活中，我们也每每进入恍惚状态，白日梦就是一个很好的例子。催眠产生的恍惚与日常生活中产生的恍惚，在个体的主观体验上非常相似。他们都会体验到时间的扭曲——通常的印象是，现实的时间流逝明显比平常快得多。另外，有些被催眠者报告说，他们的身体形态发生了变化。例如，他们的胳膊向外延伸了很长或者他们的身体似乎改变了位置。

（三）催眠与睡眠

从外表上观察处于催眠状态的人，会觉得他好像在睡觉，特别是闭着眼睛躺着的时候更像。以这样的外观判断，布雷德医生把催眠解释为"人为睡眠"，实不足为奇。其实，无论在心理方面还是在生理方面，催眠与睡眠都是迥然不同的两种状态。这对于熟知催眠现象的业内人士来说，不会构成任何问题，但是，对于不了解催眠现象的外行，难免引起误解，以为催眠与服用安眠药迅速入眠没有多少区别，不过是催人进入睡眠罢了。

有关催眠与睡眠的区别，可从以下几个方面予以考察。

首先，从心理方面看，处于睡眠状态中的人，其大脑神经活动处于抑制状态。这种抑制的作用在于使大脑皮质细胞不再接受刺激，从而防止皮质细胞的破坏，因此，睡眠中的人基本上不存在意识活动。至于在睡眠的异相期（即快速眼动期）所产生的梦境，只不过是在睡眠状态下所发生的一种无意想象活动。

处于催眠状态中的人则不然，其意识并没有消失。例如，让一个处于催眠状态下的人闭上眼睛，不给任何暗示，等他清醒以后问道："睡着了吗？"他一定会回答："没有。"这是因为从外表上看他似乎已经睡着，但其意识并未失去，当事人并不觉得自己睡着了。被催眠过的人在清醒后都是这样谈论自己在催眠中的体验："感到自己独处于一个阴暗而幽静的地方，头脑中一片空白，任何思想都没有，也听不到四周的声音。但还能听见催眠师的声音，对自己的存在非常清楚。"

"对自己的存在非常清楚。"这一点表明其意识并没有消失，显然与睡眠状态有很大的差异。另外，催眠状态的意识与清醒状态中的意识也同样有很大的差别。受术者虽然能意识到自己的存在，但在头脑里却是一片空白，对催眠师的任何暗示都有极高的敏感性，会不加判断地接受，而不感到丝毫的荒谬与矛盾。实际上，暗示感受性的亢进，正是催眠状态的重要特征。例如，催眠师对进入催眠状态的人说："把手放在膝盖上，不要移开，你也无法移开。"说完后，可以观察到，受术者无论怎样挣扎都无法移动半点。在受术者清醒后，问他们："当时的感觉如何？"各种回答如下：

"很想举起手来，但却控制不了。"

"似乎可以举起手来，其实根本做不到。"

"我觉得可以举起来，但嫌麻烦就没举。"

"你说无法移开，所以我觉得肯定举不起来。"

"我无论怎么努力也举不起来。"

很明显，受术者的意识与行为完全受制于催眠师的暗示。尤其是对于进入深度催眠状态的人，催眠师不仅能控制其诸如"手不能抬起"的简单动作，还可以通过暗示指令其实施更为复杂的动作，甚至控制其触觉、味觉、嗅觉、听觉、视觉等全部的感觉。所以说，处于催眠状态的人虽然有意识，但不能自主地思考与判断，而只能被动接受暗示，其意识只是随着催眠师的指令而活动。

其次，从生理方面看，催眠与睡眠也有很明显的区别。例如，在睡眠状态中的人，其膝盖的非条件反射会显著减少，甚至消失；而在催眠状态中的人与清醒时没有什么不同，仍保持明显的腱反射机制。此外，经专家研究，发现人在睡眠状态下有两种时相的睡眠：一是正相睡眠，特征为高幅慢波，循环系统、呼吸系统和植物性神经系统的活动水平都有所下降，瞳孔缩小，不出现眼球的快速转动，醒来时不觉得有梦。二是异相睡眠，此时的脑电图以低幅快波为主，眼球出现快速转动，呼吸变得浅快而不规则，脉搏血压亦有波动，全身肌肉松弛，可能出现梦境。在一个晚上的睡眠中，两种时相的睡眠交替出现，各自约出现4~5次，其中正相睡眠每次出现持续80~120分钟；异相睡眠每次出现持续20~30分钟。显然，在整个晚上的睡眠期间，正相睡眠（慢波睡眠）占了绝大部分时间。美国的催眠学家亨利以及布雷曼对催眠状态的脑电图也做了研究，他们发现人在催眠状态下的脑电图为 α 波型，这与人在清醒状态下的脑电波型相似，与睡眠时的脑电图，特别是与正相睡眠的脑电图迥然不同。不过，他们又发现，催眠状态下的脑电波型与异相睡眠的脑电波型也有些相似，这又说明，催眠状态可能接近于异相睡眠状态。由此看来，催眠状态很可能是介于清醒状态与睡眠状态之间的一种特殊的意识状态。这种状态可由人为的方式导入，在这种状态下，人的意识范围变得很窄小，而注意力高度集中，只对催眠师的暗示发生反应，对周围的其他刺激却毫无感受，而且在催眠师的暗示下可发生各种不同的现象：如感觉缺失、错觉、幻觉、肌肉强直、肌麻痹、植物神经功能改变、年龄退行（行为如幼年时表现）以及其他某些特异行为。催眠专家们正是充分地利用了催眠状态所特有的功用，使催眠成为发掘人类潜在能力、提高学习效果、治疗身心疾病的有效手段。

综上所述，催眠与普通的睡眠根本不是一回事，二者之间存在很大的区别。具体说来，这些区别有如下若干点。

● 催眠更多的属于心理现象，较少的属于生理现象，睡眠则全部属于生理现象。

● 被导入催眠状态的受术者，即使看上去睡得很深、很熟，但是他们还能接受暗示指令，并且敏感性相当高。觉醒以后，催眠暗示仍然能够起作用。而在普通的睡眠状态中，基本上不能接受暗示。

● 处于催眠状态中的受术者，能接受催眠师的暗示指令，从而可以开发潜能、改善自我、治疗多种身心疾病。而在睡眠状态中，则全无此功效。

● 处于催眠状态中的受术者，虽然大脑皮层的大部分区域已被抑制，但皮层上仍有一点高度兴奋，反应特别灵敏。而处于普通睡眠状态中的人，意识活动则完全休止，睡眠愈深，意识活动的停止就愈彻底。

● 处于催眠状态中的受术者，在未收到催眠师的觉醒暗示之前，即使是睁开眼睛也仍然是在催眠状态之中。处于普通睡眠状态中的人，眼睑总是紧闭着的，眼睑一打开，便立即转移到清醒状态。

● 处于催眠状态中的受术者，经暗示其肌肉可僵直，成为"人桥"。普通睡眠状态中的人，其肌肉必定是松弛的，绝不可能发生僵直现象。

● 处于催眠状态中的受术者，眼睑会间或闪动。处于普通睡眠状态的人，眼睑则始终停顿着。

● 处于催眠状态中的受术者，其视觉、听觉、味觉、嗅觉、痛觉等，均可以使之产生幻觉与错觉。在普通睡眠状态中，则无此可能。

● 处于催眠状态中的受术者，根据催眠师的暗示指令，可以与他人进行沟通与交流。正是通过对话，催眠师才能挖出隐藏在受术者潜意识中的心理痼疾。在睡眠状态中的人，除了做梦，不可能与外界有任何交流与沟通。

● 处于催眠状态中的受术者，如果催眠师没有下达要求受术者忘掉催眠过程中全部经历的指令，受术者可以清晰地记住所经历的全部事项。在普通睡眠状态中，则不可能有如此表现。

● 处于催眠状态中的受术者，只要一接受令其恢复到清醒状态的指令，可以在 1 秒钟之内完全恢复到清醒状态。而睡眠状态完全恢复到清醒状态，时间则要长得多、慢得多。

● 经由催眠施术后醒复的受术者，一旦转入清醒状态，立即感到精神振奋、神清气爽。在普通睡眠状态下醒复的人，刚刚醒复以后，则需经过一段时间才能转移到精神振奋的状态。

从以上所阐述的催眠与睡眠的十二点区别中，可以清楚地看到：催眠与睡眠根本不是一回事，催眠术也不是什么催人入睡的技术，尽管它对失眠症有一定的疗效。

二　催眠术

（一）催眠术界定

在很久以前，就有关于催眠术的记载，这在中外历史典籍中都可以看到。不过，那时的催眠术并不是一种心理治疗的技术，而是作为民间节庆中的一种游戏流传于世，更多的则是宗教神职人员以此作为布道、传教、占卜的手段。当然也有江湖术士把它作为行骗的手段，还有道德败坏者以此作为犯罪的工具。长期以来，催眠术的形象并不"高大"，常常扮演为正统学院派学者所不齿的"灰姑娘"的角色。

那么，催眠术到底是怎么回事呢？催眠术是导致人的意识进入恍惚状态的治疗技术。18 世纪时，麦斯麦（A. Mesmes）最早用催眠来治疗疾病，相信催眠是"动物磁气"的作用。19 世纪英国医生布雷德（J. Braid）研究出令患者凝视发光物体而诱导出催眠状态，并认为麦斯麦术所引起的昏睡是神经性睡眠，故另创了"催眠术"一词。催眠技术的共同点是要求被试者彻底放松，把注意力固定地集中于某个较小的物体上，减少通常感觉的输入和运动的输出。催眠的方法很多，通常先测定患者的暗示性以确定是否可催眠，向患者说明催眠的目的和意义，增强对催眠的信心；然后让患者平卧，全身放松，注视一小物体引起眼球疲劳。施术者以单调的声音和简短的语句反复暗示患者，使之感到愈来愈困倦和想睡。从患者的面部表情、肢体松弛的程度和呼吸脉搏的变化来估计催眠的深度。按病情的性质给予治疗性暗示或唤起遗忘的体验进行分析。结束催眠时可暗示患者觉醒或转入通常的睡眠。但催眠效果取决于施术者的技能和爱好，也有赖于受术者的需要及其易感性。有 10%~20%的人易被催眠，能进入深度的恍惚状态，他们受暗示性强，相信催眠术及主试，倾向于依赖别人，愿被催眠；有 5%~10%的人不能被催眠，这些人受暗示性弱，对催眠术及主试反感，独立性强，不愿因被催眠而披露内心；处于二者之间的人能在不同程度上被催眠。催眠的本质至今尚未明了。催眠可收到一定疗效，但也可能产生不良后果，故须由有经验的催眠治疗师施行。

从以上界定中，我们可以得出这样一些结论。

催眠术是一种心理治疗的技术。具体而言，是一种将人导入恍惚状态的技术。从效能角度看，当人们进入恍惚状态之后，无意识的大门将开启，这无论是对于生理疾病的治疗还是心理疾病的治疗，抑或人的自我完善，都提供了一个绝佳的平台。但同时也表明，催眠术还必须与其他心理疗法结合使用，才能产生最佳效果。这是因为，仅仅把人导入恍惚状态，虽具有放松效果，但不足以从根本上解决人的生理或心理问题。正如有些学者所指出的那样，催眠不是一种治疗，而是为治疗师提供了一种技术。从某种意义上讲，把催眠术称为治疗的辅助性手段似乎更为贴切。

放松与暗示是催眠术的基本手段。不同的催眠师所使用的催眠方法因各人的知识背景与习惯而有所差异，但基本手段是一致的，那就是放松与暗示。一言以蔽之，放松与暗示贯穿于催眠施术的全过程之中。

不是所有的人都能接受催眠，更不是所有的人都能进入较深程度的催眠状态。

催眠的真实机理至今尚未探明，这也是它受到质疑与非难的重要原因之一。况且催眠中所产生的有些现象，现代科学还无法解释。

（二）关于催眠术的种种误解

鉴于催眠术的神秘性、部分催眠现象现在无法解释，同时也由于它的神奇效果，不管是反对者还是推崇者，都多少对它有所误解。总括起来说，表现在以下几个方面。

1. 催眠术是江湖骗术

自催眠术问世之日起，这一误解也就随之而产生。当年名噪一时的"麦斯麦术"不就被法兰西科学院认定为是毫无科学根据的江湖骗术吗！就是在今日，视催眠术为歪门邪道者仍然为数不少。这种误读又分为三种情况。

其一，对催眠术和催眠现象一无所知。他们从来没有这一方面的知识经验，面对种种神奇的催眠现象（尤其是在未亲眼所见的情况下），根据自己的常识进行推断，认为这些都是不可能存在的事情，所以觉得催眠术与江湖骗术无异。

其二，发现催眠术的施术过程与有些封建迷信活动的形式有相似之处。请看美国医学会学报编辑、心理及精神科医生伯特尔德·艾里克·施瓦茨博士亲自观察到的宗教活动的记录：

一根布质吸油绳插在一个盛满煤油的奶瓶或番茄汁瓶里，点着以后，橘黄色的火焰喷出8~24英寸高。教徒缓缓将张开的手放进火焰的正中。他们一般是将火端平，让中心的火焰接触掌心，时间达5秒钟或更长。有两位教徒三

次将脚趾、脚底直接放进火里 5~15 秒钟。有一次，有个最
虔诚的信徒在手脚上涂满燃油，然后伸到火焰的正中。皮
肤上的燃油腾起白色浓烟，但没有燃起来。那位教徒掌心
拳作杯状，试图引燃掌心的一小滩油，却也只是闪烁了几
下。与此相反，涂有油的烙铁头和木钉一接近火就燃烧起
来。有 5 位女教徒将肘部、前臂、上臂在火焰中来回移动，
每次好几秒钟。其中一位妇女患红斑病，年年春天发病，
接受火的考验前后，情况没有什么变化。在所有这些火焰
试罪的事例中都找不到疼痛反应的证据，没有红肿起疱、
烧焦燎毛等情况，或出现烧焦的气味……

这些人是不是有什么特异功能呢？不是！若不是在宗教仪
式上，他们和常人一样，遇到火会出现烫伤与烧伤。我们知道，
在催眠状态中，要想让受术者出现上述情况也是易如反掌。二
者相比较，真是何其相似乃尔！这也使得某些人感到催眠术不
是正常科学。另外，从催眠施术过程来看，与宗教活动相似之
处也颇多。

在科学史上，有一个事实是有目共睹的，那就是许多现代
科学的起源都与宗教迷信活动或江湖术士所为有着千丝万缕的
联系。譬如：天文学与占星术；医学与巫术；化学与炼丹术。
现在大约不会有人说天文学、医学、化学是伪科学，可它们的
出生似乎也有污点，但人们能够原谅，为什么对催眠术要如此
苛求呢？

其三，有些机械地坚持辩证唯物主义立场的正统学院派心理学家们，也认为催眠术是异端邪说。这一批人认为催眠术是江湖骗术的主要原因是催眠术的体系以及它所揭示的种种催眠现象，与其原有的知识结构存在严重的冲突。他们发觉，如果视催眠术为科学，那么许多正统的心理学理论和心理学研究成果，如心理实质理论、感知觉规律、注意规律等均会被无情地"推翻"，业已建立起来的心理学大厦将会倾塌。

对于第一种情况，即由于对催眠术一无所知而认为是骗术的人，只要自己真切地看到实际情况，并了解一些催眠术方面的知识，这种误解就可以消除。

对于第二种情况，即由于催眠术与封建迷信、宗教活动在形式上有某些相似之处，而认为催眠术是江湖骗术，我们可以告诉他们并使他们明白：催眠术是有意识地运用心理暗示，宗教活动于无意识之中也在不知不觉地运用心理暗示，它们在原理上确有共同之处，这样在形式上与表现上有相似之处也就不足为奇了。但是，我们要看到，宗教活动利用上述现象使信徒们更加信奉上帝，而催眠术则通过上述现象开拓人类的潜能，治疗人类的疾病，二者目的不同，意义更不同。因此，尽管它们有某些相似之处，但绝不能把它们混为一谈。

对于第三种情况，我们要说的是，真正的辩证唯物主义者决不避开任何自己暂时不能解释的现象，以极大的勇气正视现实，正是辩证唯物主义最基本的特征。况且，在我们对催眠术进行了精心考察之后即可发现，它所提示的若干"奇异"现象与目前的心理学研究成果并不是相互冲突、水火不相容的。只是由于意识状态的不同，而出现了许多不同的心理现象。换言之，是处于不同的系统之中而出现各异的表现，它们可以相互补充、相互印证；而不是相反，相互排斥，你死我活，冰炭不同器。在这一方面，革命导师恩格斯又一次为我们树立了光辉的典范。恩格斯一贯主张，原则不是研究的出发点，不论是在自然科学或历史科学的领域中，都必须从既有的事实出发。这正是辩证唯物论的方法论的核心。恩格斯在看到带有迷信色彩的催眠颅相术以后，不是简单否定，而是和他的朋友一起实践了催眠术，并且提高到理性认识的高度。他在心理学、生理学给予催眠术科学的解释之前，就把催眠术从神秘主义的束缚下解脱出来，恢复了它本来并不神秘的面目。恩格斯正是基于科学的实践，以及在此基础上的理性思维和批判，把催眠术的实质即唯灵论还是唯物论的哲学问题区分开来。

2. 催眠术是包治百病的灵丹妙药

也有一些人，尤其是看过催眠施术及其种种神奇的现象，或者就是亲身体验过催眠术的人，对催眠术笃信不疑，直到出现"爱屋及乌"的心理现象，认为催眠术"佛法无边"，是包治百病的灵丹妙药。出现这种情况的原因有三。

其一，这些人对催眠术缺乏足够的了解。仅从自己所见、所闻、所经历便无根据地加以推论。简言之，因催眠术能治好某种疾病，便认为可治好一切疾病。

其二，催眠师或催眠术研究者出于自身的偏好于无意识中夸大了催眠术的功效。例如，在我们所看到的一些催眠书籍或报刊上的文章中，就有一些不严肃的阐述，片面夸大了催眠术的作用。

其三，由于人们对催眠术了解不够，迄今为止，催眠术似乎还披着一层神秘的面纱。正是由于它的神秘性，以及乍看上去扑朔迷离，人们进一步加重了催眠术能包治百病的误解。

世界上绝没有什么包治百病的灵丹妙药。催眠术确实具有巨大的效应作用，确实能在许多方面给人类提供有效的帮助，但它绝非能包治百病、能解决人类的一切心理问题。并且，催眠术还有一些禁忌症，例如，对于精神分裂症患者，使用催眠术可能是有害的。此外，在治疗各种生理、心理疾病的催眠实践中，人们也发现，对于某些身心疾病，催眠术的效果比较显著，对于另一些身心疾病，催眠术虽然也有作用但效果并不那么尽如人意。我们对催眠术应持有一个恰当的期望水平。期望水平过高，反而容易导致失望，会使催眠术的声誉受损。

3. 接受催眠术是有害的

有人认为催眠术对人是有害的。持这种观点的人指责说：催眠是一种病态的心理现象，人在处于催眠状态时，大脑皮层会受到严重损伤，产生智商降低、意志丧失、消极被动等许多不良现象。甚至有人认为，就像酒精中毒一样，会产生催眠中毒现象。最严重的，会导致受术者精神失常。

产生这种误解主要有两方面的原因。

其一，持这种观点的人可能看到了处于中度或深度催眠状

15

态中的受术者。确实，处于这种状态中的受术者，绝大部分都是目光呆滞、面部毫无表情，无条件地接受催眠师的一切指令，犹如催眠师手中的牵线木偶。哪怕是见到自己的亲生父母、夫（妻）、子、女，都全然不认识，更不理睬。要之，乍看上去，的确会给人一种大脑出了毛病的错觉。其实，这只是在催眠状态中大脑皮层大部分区域被暂时强烈地抑制了而已，绝不是什么病态现象。

其二，确实有这样的催眠施术案例，在催眠施术后，受术者表现出躁狂甚至精神失常。这种表现曾引起催眠师和心理治疗学家们的高度重视，并进行了深入研究。在研究中，他们最关心的是，导致这种表现产生的根本原因是催眠术本身固有的缺陷，抑或是催眠师施术不当，即技术方面的故障，其结论是，根本原因是后者而不是前者。在富有经验的催眠师的施术实践中，这样的事情是很少发生的。

许多研究表明，在绝大多数情况下，催眠术可以促进、帮助人类机体健康发展，使人的身心机能得到有效的休息、恢复。并通过调动、发挥人的自我调节机能来实现全部身心的良好发展。另外，我们还需对受术者的一些不良或不正常的反应作深层分析。由于在清醒的意识中，许多压抑、欲求、本能被深深地隐匿于潜意识中。即是说，它们客观存在，但又不为他人和自己知晓。而在催眠状态中，它们如决堤江水，一泻千里，毫无保留地表现出来了。任何一个学派的心理学家都认为，这绝不是一件坏事，充分表现出来，只会有益于他们的心理健康。

但是，某些缺乏心理学专业知识的人，则可能误以为那些表现不是受术者本人所固有的，是由催眠术造成的。事实上，那些表现不仅在催眠施术中可能出现，在其他心理疗法中也可能出现。

还有一些人看到，在催眠施术结束以后，某些受术者出现恶心、头痛、不安、抑郁或者是难以觉醒的现象。他们认为，这也是催眠施术本身所造成的副作用。经研究，造成这些不良现象的原因并不是催眠术本身，而是催眠师技术上的缘故所致。这种技术上的失误主要表现在以下几个方面。

其一，解除催眠的程序不完全。换言之，催眠师未能按照催眠施术的科学程序进行。具体说来，就是催眠师未下达或未反复强调受术者在醒复以后忘记催眠过程中的全部经历，以及醒复以后感到精神特别振奋、情绪状态极佳的暗示指令。

其二，在催眠过程中的处理方法不当。譬如，有些具有内向、羞怯、退缩等人格特征的受术者，催眠师仍以"父式催眠"的方式，即以强硬、严厉的态度、暗示语及其相应的语气进行施术。受术者虽能接受暗示指令、进入催眠状态，但惴惴不安之情，紧张害怕心理一直笼罩于潜意识中，故而在施术结束、醒复以后，出现恶心、不安、不愉快之感。

其三，由于受术者的个体差异，即有些受术者的身心不是一个十分协调的系统。落实到催眠施术中来说，就是在催眠师下达醒复的暗示指令之后，心理上的恢复在短时间内业已完成，但生理上的恢复却没有同步进行。正因为如此，出现了不舒服、倦怠、不安、不愉快等种种感受。这种情况在受术者接受了深度催眠之后最容易发生。其实，要解决这一问题也并非难事，只要催眠师意识到这一现象的存在，多进行几次生理状态完全恢复的暗示即可圆满解决。

其四，受术者不是自愿接受催眠治疗，而是在被强迫的情况下，出于无奈而接受催眠施术的。他们的不安与抵抗可能不仅表现在对催眠师暗示指令的拒绝，还有一种表现方式就是在接受催眠治疗之后，出现种种不适之感。这给我们的启示是：最好要在受术者欣然同意接受催眠治疗时再予以施术。当然，这并不是说对怀疑者与反抗者就不能施术。事实上，出现上述不适表现的人，在整个接受催眠治疗人的比例中，只占极少的一部分。

4. 催眠术有百利而无一弊

认为催眠术有损于人的身心健康的观点是极其错误的；认为催眠术有百利而无一弊的观点也同样是不正确的。稍有科学常识的人都知道，任何方法总是有利有弊，恰如一张纸总是有正反两面一样。科学地、恰当地使用催眠术，确实可以开发人的潜能，提高学习、记忆的效果，尤其是在短时间内能作为治愈若干心因性疾病以及治疗其他疾病的辅助手段。譬如，在外科手术以及分娩等手术中，有些病人不适宜使用化学麻醉剂，这时，就需借助催眠术。此外，催眠暗示也可解除人们的精神紧张，加速创伤的愈合。至于像癔病、神经衰弱这样一些心理疾病，使用催眠术往往可收立竿见影之效。

如果使用不当，甚至滥用，也会招致种种恶果。美国心理学家布恩和埃克斯特兰德指出，滥用催眠术是很危险的。危险来自下列两个主要因素。

（1）许多精神病患者期望催眠能奇迹般地治愈他们的病症。但由于催眠具有重组经验的能力，患者有可能在无意中被引入会使他们情况恶化的经验。

（2）有些没有受过严格、正规的心理学或医学教育的人，也可能很容易地学会这门技术，而且是出于想控制别人的愿望开始实施催眠。

上述这两种情况都是非常危险的，尤其是这两种原因的结合，更增加了这种危险性。所以，实施催眠术的人，首先要具有高尚的道德和足够的精神病学、内科学和心理学知识，并经过完善的训练，才具备应用催眠术的资格。另外，催眠术的神奇性与戏剧性常使得某些患者主动要求进行这种治疗。但是，心理医生不能为患者所左右，决不能一味迁就患者，应该是在必须使用催眠术时，才适当、谨慎地使用这种治疗技术。

美国心理学家埃里克·伯恩认为，催眠还存在一种危险，即催眠医生消除病人的症状之后没有给予病人任何东西作为补偿。如果催眠医生未能为神经官能症患者找到愿望的替代物，患者可能在症状消除后更加衰弱，而不是增强，尽管在某些缺乏经验的医生看来也许是明显好转了。例如，特里斯医生在恢复了患者霍勒斯·沃尔克的发音能力之后，病人反而抑郁焦虑。

原先困扰霍勒斯的仅为发音能力，恢复了发音能力后由于没有替代物的填补，反倒使其整个人格失去平衡，以致他的活动能力还不如治疗前。特里斯医生是一位经验丰富的精神病学家，在帮助霍勒斯恢复了说话能力之后并不满足于这种"治愈"。他认识到最重要的治疗阶段还在后面，只从病人那里取而不予，便容易产生一个新的症状，情况会比以前更糟。当然，这种后患也不是不可能防止的，利用从催眠状态中或者从催眠治疗以后的会见中获得信息，从中选择一个损害较少的方法来缓解病人的紧张，就是一个可能的选择。

心理治疗学家们还发现：在大多数以治疗各种身心疾病而进行的催眠施术中，患者的心理和生理会发生很大的变化，所以受术者每每会有一些不适之感。这与催眠师对受术者产生变化缺乏既包括生理上又包括心理上的周密考虑有关。简言之，有时只注重了心理上的问题，而忽视了可能随之而来的生理上的问题；有时只偏重于生理疾病症状的解除，而忽略了受术者心理上的波动以及情感上的变化。所有这些，都有可能导致催眠施术产生这样或那样的副作用。

譬如，为了想使受术者的生理上产生变化，单刀直入，采用直接暗示的方法来诱导受术者的生理上发生变化。这种暗示指导语可能对受术者的生理上产生了某种积极的变化，但有可能因忽视了这一系列的暗示过程中所引起的心理状态或情感上的变化，同时，对人类的其他复杂的心理问题也未能加以注意，而且于不知不觉之中将对方当成机器人，从而致使受术者的种种欲求和人格无法获得平衡。

再如，在催眠过程中，受术者有可能产生种种反应，其中有一些是消极的反应：有时，受术者会有一种局促不安感，对催眠师产生敌意、不信赖、抗拒其暗示等行动；有时，想使催眠师了解并承认他自己对待疾病所做出的努力，或是急切地渴望得到别人的帮助，或是强烈地拒绝他人所给予的帮助……如果催眠师在施术之前和施术过程中未能考虑这些因素的存在以及对催眠施术的影响，那就有可能引起受术者的不安、忧郁、神经质，以及其他一些生理上或心理上的不协调现象。

尤其是在受术者情绪不稳定的时候，一个无法接受对方情感，又缺乏协助对方行动的意念的催眠师，很容易忽视对方，而仅仅强调自身的权威性。这样的催眠师是一种独断专行、以自我为中心的人，而这正是催眠施术的大忌。具体说来，催眠师的专横、缺乏基本的移情能力以及所表现出的优越、支配和权威的态度，会加剧受术者的不安感，会对催眠师产生怀疑和敌意，这种怀疑和敌意还可能转化为攻击性。这种攻击性主要表现为自我攻击，从而使受术者本来就紊乱了的心理世界更加紊乱，各种后遗症也就随之产生。

综上所述，为了解决生理上、心理上的若干问题而进行催眠施术时，必须是由既精通催眠术又具有该问题专门知识和技能的专家进行。这两方面缺一不可。如果只会进行催眠施术而不具备专门知识，可能会酿成意外的危险；如果仅具备专门知识，而催眠施术的技术不精也会产生各种各样的心理问题，或者是无法将受术者导入催眠状态。所以，对于想使用催眠术为他人开发潜能、治疗疾病的各种专家、学者来说，首先必须精通催眠术，然后审慎地在自己所最为熟悉的领域内予以运用。那种毫无把握地盲目滥用，对受术者、对自己以及对催眠科学，都是极不负责任的行为，都应该坚决予以制止。

（三）催眠术与催眠表演

自催眠术问世之日起，也就是从麦斯麦开始，催眠术就与催眠表演联系在一起了。从那以后，催眠表演就一直没有间断过，童小珍在其所著《催眠术手册》中写道：今天在全世界各地有成千上万舞台催眠师，其中最成功的一部分经常作为嘉宾或者表演者频频出现在电视节目中。比如，在"杰·雷诺晚间秀"和"大卫深夜秀"两个电视节目中就常见到美国著名的催眠师兼喜剧演员吉姆·旺德的身影。今天，催眠表演师有非常广泛的表演场所，在集市、毕业典礼、宴会、会议活动、私人派对以及旅游客轮，甚至大型娱乐场所拉斯维加斯都能看到他们在献艺。

大部分人对催眠术的感性认识也是来自舞台的催眠表演。他们以为，催眠表演就是催眠术。诚然，催眠表演的确是应用了催眠技术，但催眠表演与正式的催眠施术还是有着很大的区别，这些区别表现在以下诸方面。

其一，目的不同。催眠表演的目的是娱乐，"哗众取宠"是他们唯一的目的；正式的催眠施术是为了治疗身心疾病或开发人的潜能。

其二，职业角色不同。舞台催眠师的职业角色更多的属于表演者，他们需要具有表演才能或者说是表演天赋；而对一般的催眠师来说，则无这方面的要求。

其三，催眠深度不同。在催眠表演中，通常要把被催眠者导入较深的催眠状态，因为只有在深催眠状态中，许多奇特的生理现象（如人桥）等才会出现，被催眠者才会有种种不可思议的行为举止，所有这些，正是娱乐性所必需的元素。在正式的以治疗及开发为目的的催眠术中，一般不会把受术者导入很深的催眠状态，有资料表明，催眠医师相当多的治疗工作常常是在相对轻度的催眠中进行的，即使这位受术者完全有可能并且也很容易进入深催眠状态。这是因为，催眠术的一个很难避免的负面作用是在治疗好患者某种身心疾病的同时，会出现一个新的问题，那就是患者对催眠师的高度心理依赖。催眠的程度愈深，这种依赖性就愈大。所以，有经验的催眠师通常是根据实际需要把受术者导入不同的催眠状态。如果浅催眠能够解决问题的，绝不导入中度催眠状态，更不会导入深度催眠状态。

其四，导入催眠状态的速度不同。在催眠表演中，快速导入是一个基本的要求，观众没有耐心去看那半小时甚至一小时的过程，这也会使表演的神奇性大打折扣。所以，瞬间进入催眠状态，甚至是很深的催眠状态是催眠表演的一大特色。为什么他们能做到这一点呢？有两种情况：一是那些被催眠者是催眠表演者的合作者，前者已多次被催眠，只要一个口令就能使之进入催眠状态，但那些奇特的生理、心理表现并不是作假。二是被催眠者就是真正的观众，他们从未被催眠过，与催眠表演者事先也没有任何接触，但还是被快速催眠了。这又是什么原因呢？原来，催眠表演者从一开始就在观察，并在准备活动中不断地检测谁是感受性最高的人，而这些人会被他选为催眠对象。对于那些高感受性的人来说，快速进入很深的催眠状态是完全有可能性的。

在正式的催眠施术中，整个进程常常是缓慢的，也是枯燥的。最主要的原因是，对象具有不可选择性，因此整个暗示诱导过程就不可能那么直接、那么顺畅，催眠师与受术者意志的较量每每不能毕其功于一役。

其五，所处的施术环境不同。正式的催眠施术对环境的第一要求是安静，而在催眠表演中，安静几乎是不可能的，环境常常十分喧闹。为什么在后一种环境中催眠施术照样成为可能，并且还能实现超快速、深程度的状态？我们认为，安静是一种氛围，它能使人注意力集中，从而进入催眠状态；喧闹也是一种氛围，那音乐、那灯光、那观众气氛，也是一种强大的暗示源，对于高感受性的人而言，后者可能具有更大的诱导作用。

其六，社会评价不同。如今，持有催眠术是有害的观点的人虽然还有，但为数不多。但对催眠表演是否有害的争论却一直在继续着，已有多起纷争对簿公堂。英国舞台催眠表演者保罗·麦肯那就曾经被一名自愿参加催眠的被催眠者盖茨起诉。盖茨被催眠后，像芭蕾舞演员一样跳舞，还扮演公共汽车检票员和彩票得主。催眠结束以后，盖茨声称他的性格变了，而且他被诊断为患了严重的精神分裂症。但是法庭判决盖茨败诉，他的精神衰弱只是巧合而已。不过，这并不能说明催眠表演就一定是无害的。像过于惊险的身体动作可能造成的伤害，催眠后暗示解除不完全，以及由催眠表演让人们造成的对催眠术的误解，都是催眠表演的消极面。

三　催眠现象

催眠状态下会产生哪些现象？对这些催眠现象如何解释？在这个问题上是否有科学的认识，直接影响到我们是否能够正确地理解催眠术、应用催眠术。

如前所述，恍惚状态不仅发生于正式的催眠施术之中，也发生于日常生活之中。所以，催眠现象也可分为两类：一是正式施术中的催眠现象；二是日常生活中的催眠现象。为描述的方便，我们把前者称为催眠现象，后者称为类催眠现象。无论是催眠现象还是类催眠现象，都有许多，这里谨以举例的方式介绍之，实属挂一漏万。目的是使读者对之有一个大概的了解。

（一）正式施术中的催眠现象举隅

1. 知觉的改变

在催眠过程中，受术者的知觉发生变化几乎是肯定会出现的现象，区别只是程度上的不同而已（取决于催眠深度的不同）。其中最明显也是最典型的变化就是幻觉的出现与痛觉的消失。

幻觉

幻觉是指在没有相应的现实刺激作用于感觉器官时出现的知觉体验。包括幻听、幻视、幻嗅、幻味、幻触和本体幻觉。幻觉的产生可能是一种病态现象，也可能在暗示诱导的作用下产生。这里所论及的就是后一种情况。在催眠状态下，常常就会产生这种"无中生有"的生理效应。催眠师只需对受术者作一暗示，并没有真实的刺激物作用，却能使受术者不仅在主观上产生一定的心理体验，而且生理上也产生相应的生理效应。

在一个实验中，催眠师递给受术者一杯白开水，请他喝下。同时暗示他："这是一杯糖开水，里面放了很多糖，所以肯定很甜。"受术者喝下白开水后，很高兴地告诉催眠师："这杯糖水确实很甜。"让人惊异的并不是受术者在主观上觉得这是糖开水，而是受术者在生理上的变化。对受术者进行抽血化验，竟发现其血液中的含糖量大为增高。很明显，催眠师的这个暗示，不仅引起了受术者在心理方面发生变化，同时，也造成了其在生理方面的变化。

法国催眠大师贝恩海姆曾做过这样的催眠实验：他在使一名受术者进入催眠状态后，暗示他说，在床上坐着一位女士，她手中拿着一些杨梅要送给你吃，当你醒过来后，可走到床前向她握手道谢，并接过杨梅吃下去。当这位受术者醒过来后，果然走到空无一人的床前，煞有介事地向实际不存在的女士说道："谢谢你，太太。"并作握手状，然后凭空接过幻想中的杨梅，津津有味地吃了起来。

在我们所进行的一系列催眠实验中，经常诱导出受术者的种种幻觉。例如，在一次催眠实验中，告诉受术者，屋顶上出现了一架夜航飞机。飞机尾部的红灯在不停地闪烁。不一会儿，催眠师所描绘的一切，受术者已觉得清晰可见，有历历在目之感。在另一次实验中，我们暗示受术者，墙壁是一个大型的电视屏幕，正在放映一部精彩的电视剧。随着我们的描述，受术者真的觉得看到或听到这部电视剧，而且表现得喜形于色。在另一次实验中，我们暗示受术者，天花板上有五六匹奔跑着的骏马，受术者竟肯定地说："有 5 匹！5 匹野马在飞奔。"

我们还曾目睹，受术者在深催眠状态中，催眠师随手搬来一把椅子，告诉受术者："你的妈妈看你来了！"受术者照样笃信不疑，并与"妈妈"（即椅子）拥抱。亲子之情，溢于言表。而所有这一切，纯属子虚乌有。

痛觉消失

痛觉是辨别伤害机体的各种刺激的感觉。电刺激、机械刺激、化学刺激、极冷和极热等达到对机体起破坏作用时，都会引起痛觉。众所周知，人体对痛觉是很难适应的。当外界的伤害性刺激作用于人体时，人们必然会产生某种防御性的躲避反应（一种无条件反射）。然而，如果人们在接受催眠，进入催眠状态以后，情形就大不一样。受术者只要接受催眠师的某种暗示，身体的某个部分便会渐渐失去痛觉，这时，无论是用针扎他，还是用火烤他，受术者均无疼痛感觉，当然，也不会出现躲避反应。催眠的这种"疼痛丧失"效果，在"无痛拔牙"的催眠表演中表现得淋漓尽致。

所谓"无痛拔牙"的催眠表演，指不需用任何麻醉剂，只需用催眠即可使患蛀牙的病人在毫无痛苦的情况下被拔掉蛀牙。在表演现场，除观众外，主要人物是催眠师、患蛀牙的病人、牙科医生以及表演的主持人。

表演开始时，先由催眠师对牙病患者施行催眠术。在催眠师的循循诱导下，牙病患者渐渐进入催眠状态。不一会儿，催眠师已将患者引入足以消除痛觉的催眠感觉支配阶段。这时，催眠师给患者一个非常坚定的暗示："在拔牙的时候，你肯定不会有任何疼痛的感觉。"然后，请患者在牙科手术椅上坐好。此时的患者很愉快地坐在牙科手术椅上，神情怡然自得，并没有表现出丝毫的恐惧与不安。

催眠师退至一旁，牙科医生拿起拔牙手术用的器械，走到患者的面前。这位处于催眠状态下的患者依然表情自如，毫无畏惧。同时，把口张开，很平静地等待着医生给他拔牙。

只见牙科医生把手术器械伸入患者口中，来回往复地拨弄着，并用力往外拔曳好几次。观众们屏住呼吸看得目瞪口呆，手心也不禁捏出了一把冷汗。大家直为患者担心。然而，坐在手术椅上的这位患者却仍旧一副怡然自得的神情，看不到半点痛苦的流露。似乎医生所摆弄拔曳的并不是他的牙齿。

几分钟后，医生终于挺直了腰，把手术器械从患者口中取出，上面钳着一颗牙齿。医生舒了一口气，说道："拔出来了，就是这颗蛀牙！"

这颗蛀牙被放在玻璃器皿里，展示在观众们的眼前。果然这是一颗损坏相当严重的牙齿，中间有空洞，周缘泛泛发黑，已到了无法使用的程度。

随后，催眠师上前继续施术，把患者从催眠状态中唤醒。患者解除催眠状态后，观众们一拥而上，纷纷询问：

"你真的不觉得疼吗？"

"是的，我没有什么感觉。"

"现在你觉得怎样？"

"我觉得挺好。"

"可是，在当时你到底是一种什么样的感觉呢？"

"当时觉得自己似乎浮飘在空中，后来又觉得是在海滩上散步。总之，是一种妙不可言的感觉。"

你相信吗？被拔掉一颗牙齿，不但没有丝毫痛苦，反而有一种奇妙的感觉，而且这种情形还是在不使用任何麻醉剂的情况下发生的。

2. 生理功能的异常表现

异常表现之一：身体强直（"人桥"）。

这一催眠现象，经常被运用于催眠表演之中，这是因为它最具观赏性，也最有说服力。下面我们来看一例催眠表演中所表现出的身体强直，即"人桥"现象。

这是一个秋高气爽的日子，一位著名的催眠师在为数十名催眠爱好者进行催眠表演。催眠师请出一位看上去身材娇弱的青年女子，在这位弱女子坐下后，便在她面前开始实施催眠术。他用手掌按在青年女子的头顶上，口中念念有词，良久，该女子似乎已安然入眠。这时，催眠师开始下达指令，先令她睁开眼睛，站立起来。果然，这位女子犹如中了魔似的，丝毫不差地按照催眠师的指令动了起来。

更令人惊奇的是，当催眠师告诉她，她的身体肌肉已经变得僵硬时，她的身体竟挺直得像一块坚硬的木板。随后，催眠师叫人搬来两把椅子，将这位看上去身体娇弱的女子置放在两椅子之间。她的肩部置放在一把椅子上，而她的脚则置放在另一把椅子上，她的身体像木板似的悬架在两把椅子之间。如此景象，使观众们惊呆了。大家面面相觑，惊叹不已。

最使人不可思议的是，催眠师接着请来两位女观众，脱下鞋子踏踩在这位身体僵硬的受术者身上。这位弱小女子竟能挺直身体承受住这样的压力。的确让人难以置信，读者们若不是亲眼所见，恐怕对此事也是将信将疑。笔者在未亲眼看到之前，就是持这种态度，当活生生的事实出现在眼前时，不由得不信。

这位受催眠的女子从未练过气功，过去也从未表现过有如此超乎寻常的功能。而且，在解除催眠状态后，她恢复了原来的状态，这种身体强直状态的功能也消失得无影无踪。显然，这种超常的功能来自催眠。催眠的这种效果早在 18 世纪就有先例，据说，在 1731 年，"狂热的冉森派教徒"曾在圣梅达德的帕里斯教堂院子中于自动催眠状态下获得一种特殊的刚性。此时，能用大铁锤在教徒的胸膛上把大块的石头砸碎。

异常表现之二：人工记印。

科学家们所进行的"人工记印实验"，则是人所共知的由催眠直接造成生理变化的著名例证。实验是这样进行的：

用一块邮票大小的湿纸片，贴在受术者的额头或手臂上。催眠师在使受术者进入催眠状态后，就下指令暗示他在贴纸的地方要有发热的感觉。受术者集中注意力去体验这种发热的感觉，过了一段时间以后，催眠师揭去发湿纸片，人们会发现被贴上纸片的这块皮肤果然已经发红。更有甚者，如果催眠师用一块硬币或金属片贴在受术者的手臂上，并告诉他说，硬币或金属片是发烫的，他的皮肤很快会被烫起水疱。片刻以后，硬币或金属片下的皮肤果真起了水疱，与真实情况中的烫伤别无二致。

有资料表明：催眠暗示甚至可以使受术者陷入"人工假死"状态，即出现一切自然死亡的特征，如呼吸中断，心跳、脉搏停止等等。

3. 年龄倒退

年龄倒退就是在深度催眠状态中，经由催眠师的暗示诱导，使受术者回到过去的某一年龄。此刻，受术者将表现出与过去的那一年龄阶段相契合的心理特征和行为特征。譬如，将一名40岁的受术者诱导退到5岁，他就会像5岁的小孩那样玩耍、思考、行动，出现5岁这一年龄阶段所具有的种种欲念、情感、需求。这里需要强调指出的是，年龄倒退并不是意味着受术者的记忆恢复到所暗示的年龄阶段，也不是让受术者重返童年时期，重温当年的生活，而是使受术者在心理行为上、在角色身份中与所暗示的年龄阶段相吻合。

引发年龄倒退具体施术过程是这样的：

在受术者到达深度催眠状态之后，首先要做的是催眠师通过暗示诱导使受术者忘掉今天的日期、自己的实际年龄，目前所在的地点、自己是什么人；也应诱导受术者忘记一些深层心理世界的东西，如现有的人格特质、行为模式、郁结于内心的情绪、情感等等。然后，再进行暗示：

　　请你注意时间，时光正在倒流，正在回到过去，你现在绝对服从我的指令，你会回到我所说过的某个时期的……好的，现在我问你，你昨天中午做了哪些事？吃了什么？昨天早晨你吃了什么？（如受术者能正确回答出再继续暗示）现在，时光继续倒流，已经回到了我和你第一次见面的那一天。你能够回想起我们在那一天的谈话内容吗？你能够回想起那一天你穿的什么衣服吗？你能够回想起那一天谈话结束后你心理上的感受吗？

好的，你做得很好，我们配合得很默契。现在，我来数数字，从20倒数到1。我每数一个数字，你的年龄就减去1岁……好的，现在你已经回到了青年时代，你的容貌、你的体型都是一个20岁左右的小伙子了……你已经感觉到了这种变化，你感到很自然、很舒服。现在，让我来继续数数字，帮你回到更小的年代去……

现在，你已经回到了童年时期，脸上充满了稚气，体型也像一个小孩子。你被一个人抱着，抱你的人是你的妈妈，你看到她的脸了吗？她穿着什么样的衣服？她在和你说什么？你听到了吗？请你把这一切如实地告诉我。

如果以上暗示全部实现，那就证明年龄倒退法已经成功。接下来要做的则是根据患者的具体问题进行治疗了。如前所述，成年期表现出的心理自卑、行为退缩、自我封闭等人格障碍是由早年的心理创伤、欲求不满足所致。那么，可以通过宣泄法使郁结在心头多年的心理能量得以释放，也可以通过解释指导来理顺早年心理上的纠葛；可以通过角色游戏来获得应有的童年经验，也可以通过心理剧法来解除当年的误解或恐惧。总之，年龄倒退法为早年体验的补偿、早年情结的消除提供了一个绝佳的机会。因其效果之好、速度之快而受到临床心理治疗学家们的高度重视。

4. 后催眠暗示

催眠对人的身体功能、生理反应以及主观体验、行为动机的影响，不仅在催眠状态下表现出来，甚至在从催眠状态醒来以后，也会表现出来。所谓"后催眠暗示"的作用，就是这种影响的表现。"后催眠暗示"指在催眠状态时，催眠师对受术者施以暗示，要求受术者按照催眠师的指令，在醒后的某个时刻执行某种行动。当受术者清醒以后则会忠实地执行这个指令，无论这个指令有多么的荒诞，受术者也会照做不误。这样的事例很多，现以笔者亲眼所见及有关文献为例证。

在行将结束催眠，将受术者唤醒之际，催眠师对之进行了"后催眠暗示"，指令他在清醒以后要做两件事。第一件事是在当天晚上一定要打桥牌，而且在打前三局时，无论手中的牌型与点数如何，都必须叫到"满贯"。第二件事是在明天晚上的联欢会上，一定要上台唱歌，并且要唱催眠师所指定的那一首歌。催眠师在施行"后催眠暗示"时，还对受术者说："这两件事情你必须做到，如果不做，你会感到无比的痛苦与焦灼。"

稍有桥牌常识的人都非常清楚，打桥牌需遵守严格的规则以及娴熟的技巧，任何胡来既是犯规，同时还会输得一塌糊涂。显然，在上述"后催眠暗示"中要求受术者所做的第一件事的指令是荒谬而违反常识的。那么，已经转为清醒状态的受术者是怎样执行这种指令的呢？我们耐心地等到晚上，看到了这样一个有趣的景象：精神饱满、神气活现的受术者尽管已经脱离催眠状态，恢复了清醒状态，但到了晚间坐下来打桥牌时，他的面部表情悄悄地发生了变化，似乎又返回到催眠状态那样，目光呆滞，面色木然。第一牌由他首先开叫，他手中的牌数共有 12 点。以"强二"开叫，对手实施阻击叫。他的合作者牌的点数只有 3 点，只能"pass"。而他一旦开叫，便一意孤行，坚决要到"满贯"方肯罢休。在第二、第三局中则更为荒唐，手中牌数不到 6 个点，依然牌牌满贯，结果只能以大败而终局。令人叫绝的是，在前三局过后，他即从迷惘状态中解脱出来，不仅面部表情正常如初，而且叫牌、打牌严格遵守规则，思路缜密，攻防有序。

当第一个后催眠暗示准确无误地验证之后，我们想进一步探究后催眠暗示的力量，于是故意询问受术者"催眠师要求你明晚上台唱歌，你能不唱吗？"受术者哑然一笑，答曰："我的行动受我自身思想、理智的控制，我要不唱当然可以。"谁知，次日的联欢会刚刚开始，这位受术者便急不可耐地站起来要唱催眠师指定他唱的那首歌。笔者还欲上前阻止，但他哪里肯听，放开歌喉，唱出了一首动听的歌。

台湾的一位著名催眠师当众公开表演"后催眠术"的作用，引起了很大的轰动。在表演的那一天，催眠师从台下邀请了 4 位自愿接受催眠的观众到台上去，一一将他们导入催眠状态。然后，催眠师对其中的 A 先生暗示说："当你醒了以后，只要我用手触摸你的脸时，你要大声骂出'混蛋'二字，你这样做可以发泄心中的郁闷。"对 B 先生的暗示是："如果主持人把手放在你的头上，并对你说：'你真是个好人！'你听了以后会觉得很想上洗手间。"同时，催眠师把去洗手间的方向也告诉了B先生。催眠师给C先生下的指令是："如果台下那位客串的来宾点燃香烟时，你就会变成主持人。这时你要拿过话筒，走到台前讲话，并告诉大家你是主持人。"接受催眠的第四位观众是D小姐，催眠师告诉D小姐："当我用手帕擦脸时，你就会走到台下去，在观众中找一位你最喜欢的类型的男子，并坐到他的怀里去，希望在场的男子中有你喜欢的类型。"

暗示完毕后，把他们从催眠状态中解脱出来。催眠师首先在A先生身上验证"后催眠暗示"的作用。他用手轻轻地触摸了一下A先生的脸，果然不出所料，这位A先生突然大声地骂道："混蛋！混蛋！"他不停地骂了一会儿，脸上显出郁闷解除后那种轻松愉快的表情。然后，很平静地回到自己原来的座位上去。观众们见到此种情景，有些惊愕，但仍将信将疑。

接下来该轮到B先生了，催眠师请主持人把手放在B先生的头上，并对他说："你真是个好人！"主持人稍迟疑了一会儿，但还是走了过去，站在B先生面前，按催眠师所要求的做了一遍。主持人的话音刚落，B先生突然站了起来，径直地朝着洗手间走去。

正当观众们很吃惊地注视着走向洗手间的B先生时，在台下客串的那位来宾顺手点燃了手中的香烟。就在这时，C先生也突然站了起来，一把夺过主持人手中的话筒，走到台前宣布："我是主持人！"他的表情与做法俨然一副主持人的模样。真正的主持人被 C 先生这突如其来的动作怔了一下，赶忙走过去问道："对不起，先生，主持人是我，请问您贵姓？" C 先生毫不犹豫地回答："我就是主持人！"无论主持人怎样对 C 先生解说，C 先生都一口咬定自己是主持人。

在 C 先生与主持人还在纠缠不休的时候，B 先生已从洗手间走回来了。主持人看到 B 先生回来了，想试一下"后催眠暗示"是否还能起作用，于是又走到 B 先生面前，把手放在他头上，笑着对他说："你真是个好人！"这位 B 先生二话不说，果然又转身向洗手间走去。观众们大为哗然。他们开始领略到催眠术这种奇妙的魔力。

D 小姐的情形如何呢？这是最后一个节目。催眠师在观众们已几乎对"后催眠术"的魔力深信不疑的时候，从口袋里掏出手帕，随意擦了擦脸，观众们的眼睛全都盯住了 D 小姐。随着催眠师用手帕擦脸的过程，D 小姐缓缓地站了起来，好像梦游似的走到台下的观众中去。在众目睽睽之下，她来到一位长得非常英俊的男观众面前，眼睛里闪烁出喜悦的光芒，很高兴地坐到了这位男子的怀里。观众们反而鸦雀无声，他们完全被这惊人的事实所折服。催眠师对这四个人的"后催眠暗示"全都准确无误地应验了，许多抱着怀疑态度来观看表演的观众，经过自己的亲眼所见，均大大改变态度，疑团已烟消云散，对催眠术的神奇作用深信不疑。

"后催眠暗示"不仅能够几乎毫不偏差地实现，而且在时间上还具有高度的准确性。笔者有一次告知一位受术者，在她醒来以后会十分口渴。她醒后主动要求笔者（与她并不熟悉）给她倒杯水喝。这一举动不仅实现了，而且在时间上，几乎不差分秒。在有关材料中曾报道过这样一个催眠实验：催眠师向受术者下达指令："你醒来后 5947 分钟时，把自己的姓名、年龄、职业等写到纸条上，送到我这里来。"这位受术者醒来后，并不看表，但到了规定的时间，果然一一照办，前后相差也只不过几分钟而已。我们说，几千分钟的时间误差了几分钟，大致可以忽略不计了。催眠术中的"后催眠暗示"究竟能有多长的效应期呢？目前尚无明确的定论，但根据我们所看到的资料，"后催眠暗示"的最长效应期可达一年之久。也就是说，今天给受术者下达的暗示，可以令他明年的今日将准确无误地执行。

"后催眠暗示"为什么能在时间上达到如此之高的准确性呢？我们认为，可能是由于在催眠状态下，拨动了受潜意识控制的人体生物钟。这种生物钟就像机械闹钟一样，到了预定的时间，潜意识便会发生信号，提醒被催醒者去执行在催眠状态中已经接受了的行为指令。

凡接受"后催眠暗示"，并执行这个暗示的受术者，通常在他清醒时都意识不到这个暗示，但一到指定时刻却又会准确地执行。在一次催眠实验中，催眠师暗示受术者，在他醒来以后，看到催眠师第 9 次把手放入口袋里时，便去打开窗户。受术者被唤醒以后，催眠师与他在随意闲聊，并不时地把手放进口袋里，恰好到第 9 次时，受术者便起身去打开了窗户。当询问他为什么要开窗时，他回答说屋内的空气太闷热了。其实，当时屋内并不闷热；相反，还挺阴凉的。在这个过程中，可以明显地观察到受术者在时刻地注意着催眠师的动作，但当询问受术者是否接受过这种暗示的指令时，他却矢口否认。

也许有人以为上面描述的现象类似于天方夜谭。实际上，不仅上述现象的确客观存在，还有一些更为奇特的"后催眠现象"。

据苏联《社会主义工业报》中一篇介绍催眠术的文章提及，催眠师对一位受过高等教育的科技工作者实施了催眠术，并暗示他，要以比平时加倍的速度完成一系列的实验并记录其实验结果。于是，在这之后，他的行动变得急如星火，在隔音室内，他一天干的工作通常比在实验室干的多一倍。并且，一昼夜的时间里他两次躺下就寝。

不仅如此，这位受术者的呼吸也变快，脉搏跳动次数增多，新陈代谢大大加剧。这不是自测或直觉观察的结果，都是经过仪器精确记录下来的，他的生物节律确实在加快。其他许多人也参加了类似的实验，在他们身上也取得了大致相仿的结果。由此可见，这并非个别的、偶然的现象，而是具有普遍性的意义。鉴于此，研究人员改变了实验的方向——暗示受术者时间过得慢一半。其结果，受术者开始不慌不忙地行走，说话拖着长音、马马虎虎地工作；他们身体的新陈代谢也变得缓慢起来，生物节律明显放慢。在他们身上，正常的时空概念失去了应有的效应。

（二）日常生活中的类催眠现象举隅

大多数人认为，催眠现象只是发生在催眠师的施术过程之中或催眠表演之中。其实这是一个很大的误解。毫不夸张地说，催眠现象每时每刻都发生在我们生活当中。当然，那是一种类催眠现象，形式上与正式的催眠现象有所不同。但其机理、其作用、其本质，与正式的催眠现象别无二致。其效能作用，也不逊于正式的催眠施术。

也许你没有听说过，催眠学界有人认为人类历史上两个最高明的催眠师是拿破仑和希特勒。很显然，他们俩的职业肯定不是催眠师，但他们在煽动大众情感、利用大众心理，进而操纵大众行为方面的所作所为及其效果，绝非一般意义上的催眠师所能相提并论的。

类催眠现象存在于生活中的每一个角落，这里试以爱情与群众行为为例说明之。

1. 爱情与类催眠

那些热恋中的人们（这里指的是真正的热恋，而非因功利目的想得到对方）几乎无一例外是处于类催眠状态。且看心理学家对爱情的一些研究。

心理学家对爱情的特征是这样描述的：爱情体验主要是由一种温柔、挚爱的情感构成的，一个人在体验到这种情感时还可以感到愉快、幸福、满足、洋洋自得甚至欣喜若狂。我们还可以看到这样一种倾向：爱者总想与被爱者更加接近，关系更加亲密，总想触摸他（她）拥抱他（她），总是思念着他（她）。而且爱者感到自己所爱的人要么是美丽的，要么是善良的，要么是富有魅力的，总而言之是称心如意的。在任何情况下，只要看到对方或者与对方相处，爱者就感到愉快，一旦分开，就感到痛苦。也许由此就产生了将注意力专注于爱人的倾向，同时也产生了淡忘其他人的倾向，产生了感觉狭窄从而忽视其他事物的倾向。似乎对方本身就是富有魅力的，就吸引了自己的全部注意和感觉。这种互相接触、彼此爱慕的愉快情绪也表现为想要在尽可能多的情况下，如在工作中，在嬉游中，在审美和智力消遣中，尽可能与所爱的人相处。并且，爱者还经常表现出一种想要与被爱者分享愉快经验的愿望，以至平时常听人讲，这种愉快的经验由于心上人的在场而变得令人愉快。

在西方学者对爱情心理的研究中，还注意到来自情人的自我报告。他们说：时间的迁延全然消失了。当他处于销魂夺魄的时刻，不仅时间风驰电掣般飞逝而过，以至一天就宛如一分钟一样短暂，而且像这样强烈度过的一分一秒也让人感到好像度过了一天甚至一年。他们仿佛以某种方式生活到另一个世界中去了，在那里，时间停滞不动而又疾驰而过。有人曾要求爱因斯坦用通俗的方式解释相对论。爱因斯坦答道：当你伸手向父亲要钱的时候，20 分钟会像 2 小时那么长；当你与相爱的人在一起时，2 小时只有 20 分钟那么长。

通过以上描述，我们是否可以认定爱情就是一种类催眠状态呢？关于爱情与催眠，弗洛伊德在《集体心理学和自我的分析》一书中有一段精当的表述："从爱到催眠只有一小步之隔。这两种情形相同的方面是十分明显的。在这两种时刻，对催眠师，对所爱的对象，都有着同样的谦卑的服从，都同样地俯首帖耳，都同样地缺乏批评精神，而在主体自身的创造性方面则存在同样的呆板状态。没有人能怀疑，催眠师已经进入了自我典范的位置。区别只是在于，在催眠中每一样东西都变得更清晰、更强烈。因此我们觉得用催眠现象来解释爱的现象比用其他方法更为中肯。催眠师是唯一的对象，除此别无他人。自我在一种类似梦境的状况中体验到了催眠师的可能要求和断言的东西。这一事实使我们回想起我们忽略了自我典范所具有的一个功能，即检验事实实在性的功能。"

英国科学家还从神经生理学的角度解释了爱情为什么是盲目的？研究发现，脑部扫描可显示当情侣沉溺爱河时，会失去批判能力，扫描显示爱情会加速脑部奖赏系统特定区域的反应，并减慢作出否定判断系统的活动。当奖赏系统想及某人时，脑部会停止负责批判性社会评价和作出负面情绪的网络的活动。这就很好解释了爱情的魔力，也很好地解释了爱情的盲目性，即处于一种意识恍惚的类催眠状态之中。

2. 群众行为与类催眠

人们期盼和平、宁静，但这个世界的每一个角落总是不免会出现大大小小的骚乱；人们当然倾向于尊重事实、崇尚真理，但谣言甚至是荒诞不经的谣言在特定的时刻却能飞短流长、颇有市场；至于恐慌中的病态表现，那当然更不是人们的初衷，却不期而至。更值得玩味的是，上述种种行为，在其作为个体独处之时，大多不会发生，而在许多人结合为群众之时，它就出现了。

为避免歧义，我们得先从心理学的角度对"群众"作出界定。

法国著名社会心理学家古斯塔夫·勒庞是这么说的：

> 心理学的群众表现出最突出的特点是：无论其生活方式、职业、性格或智能是否相同，他们已成为群众这一事实使他们具有一种集体心理。这种心理决定他们按照一种与其在独处状态下很不相同的方式去感受、去思考、去行动。只有在个人形成群众的情况下，某些思想、情感才会产生，或转变成行动。心理学的群众是一种由各不相同的分子组成的临时存在物，是临时结合起来的。这完全像构成生物体的细胞通过重新组合而形成一种新的生物体一样，其新的生物体表现出来的特点与各个细胞各自拥有的特点完全不同。

这种"新的生物体"脾气古怪、难以让人捉摸，它做出什么样的事情来也不要为之吃惊。这又是为什么呢？古斯塔夫·勒庞解释道：

……可以通过各种途径使一个人进入一种特定的状态。在这种状态下，因为他已经丧失了自己有意识的人格，所以会服从那个剥夺其意识的操纵者的所有暗示，并做出与自己性格和习惯完全矛盾的事情来。最细致的观察似乎证明，当一个人沉浸于群众行为中一段时间之后，或者因为受群众产生的吸引力的影响，或者由于我们尚不了解的其他某种原因，他很快会发现自己处于一种特殊的状态，这种状态非常类似于被催眠者发觉自己受催眠者操纵的那种痴迷状态。在被催眠的状态下，由于大脑的活动性被麻痹了，被催眠者往往成为其脊髓的无意识活动的奴隶，催眠者对其可以随意操纵。此时，被催眠者的有意识的特性完全消灭了，意志和洞察力失去了。所有的情感思想都沿着催眠者决定的方向转变。这样，我们就明白了，有意识人格的消失、无意识人格和占主导地位、观念和情感通过暗示与感染在同一方向上发生转变，以及将他人的暗示观念立即转变为行动的倾向等等，都是构成群众和个体具有的主要特点。这样，这种个人已不再是他自己了，他已经成为一部不受自己意志控制的机器。

总之，群众行为是自发产生的，相对说来是没有组织的，甚至是不可预测的，它的发展趋势没有计划，它依赖于参与者的相互刺激。群众行为包括疯狂举动、一时的狂热、群众性的歇斯底里、叛乱以及宗教复兴。

由此我们可以确认，群众行为，尤其是那些极端的、非理性的群众行为，实际上是类催眠状态下的行为表现，也就是说是在意识被剥夺状态下的行为表现。若以意识水平的尺度去衡量它们，是不可理解的；若以催眠状态下的尺度去衡量它们，结论只有两个字——"正常"。

四 催眠术的应用

一门学科是否具有强大的生命力，在很大程度上取决于是否具有实用性，是否能为社会服务。催眠术之所以逐渐获得人们的认可，是与它的实用性分不开的。下面我们将从五个方面来介绍催眠术的应用情况。

（一）在生理、心理问题治疗方面的应用

催眠术在生理、心理问题治疗方面的应用由来已久，至今仍是它发挥其功能作用的主要领域。具体情况如次。

催眠术在生理疾病治疗中的作用主要表现在对那些由心理因素引起的或主要由心理因素引起的生理性疾病有良好的疗效。如今的医学模式已由纯粹的生物学模式转为生物—心理—社会学模式，对于人类的种种疾病，不仅要考虑生理因素，还要考虑心理因素与社会因素。这就为催眠术的应用提供了广阔

的天地。

镇痛、麻醉也是催眠术的传统功能区域。例如，有些病人，不适宜使用麻醉药品，在这种情况下，催眠术就成为一种有益的替代。在国外的牙科手术中，使用催眠术的情况非常普遍。

催眠术当然更是心理治疗的一项有效手段。催眠术最大的特点就是能绕开"意识看守人"，直接进入人的无意识。从事心理咨询与治疗的人都知道，咨询与治疗的最大障碍在于患者在理性上能接受的观念，在心理与行为上却不肯接受。也就是说，道理都懂，就是做不到。其深层原因，就在于无意识的抵抗。由于在催眠状态中能直接与无意识对话，许多问题就可迎刃而解。

关于催眠术在生理、心理问题治疗方面情况，在本书以后的章节中将专门探讨，这里故不赘述。

（二）在学习方面的应用

催眠术在学习方面应用也有着广阔的前景。相关的实验研究已经证明，催眠术在增进人的记忆力、挖掘人的创造力方面都具有令人惊异的效能。在这一方面，成果最为突出的当推保加利亚著名心理学家拉扎诺夫所创造的"超级学习法"。

> 20 世纪 60 年代中期，保加利亚 15 个男女知识分子，年龄从 22 岁到 60 岁不等，被集合在暗示学院温暖明亮的

教室里。这个学院坐落在索非亚一条绿树成荫的街道旁。他们被告知说，有一种高效率学习法，可以记住大量信息，而且比其他方法省力得多。他们将参加这个他们并不喜欢的试验。

"肯定是毫无结果的。"当他们在柔软的椅子上坐下时，一个女医生抱怨地对一个建筑师说。有一个工程师，几个教师和一个法官也在议论，"我们还是趁早散伙吧，这完全是浪费时间。"总之，没有人抱多大希望。老师进来了，似乎连她本人也不相信出现奇迹。

不管怎么说，试验开始了。学员们翻阅着面前的材料，老师开始用各种语调念法语词组，接着放送庄重的古典音乐。15个学员这时都仰靠在椅背上，闭上眼睛，使自己进入记忆增强状态或称为超级记忆状态。老师不断地重复着。有时她用公事公办的口吻，好像命令他们完成什么任务。有时用轻柔的耳语口吻；有时又突然大声用生硬的口吻。

太阳西下了，老师还在用特殊的节奏念着法文单词、习惯语和课文。最后，她停下了。但是，还没有完。他们还得进行一次测验。学习过程中，他们的焦躁心情平息下来，不那么紧张了，他们的肌肉也放松了。但是，对能否得到一个像样的分数，他们还是不抱多大希望。

最后，老师说话了："全班的平均分数是97分，你们今天学会了300个法文单词。"

300 个！在几个小时就学了一种语言十分之一的常用词汇。而且又是这么轻松，男女学员兴高采烈地走出了学院，个个觉得自己比原来高大了许多，好像他们刚刚经历了一次不寻常的遭遇。

通常这种课程，人们每次可学会 50~150 个新的信息。对于这种方法的创始人拉扎诺夫来说，这次试验证实了一些他原来怀疑的事实：人的学习和记忆能力是无限的。拉扎诺夫和他的同事们把这种方法称为："开发大脑的储备。"对于那些参加试验的人来说，他们好像突然得到了一大笔遗产。他们现在开始用不同的眼光看待自己了。他们对自己和自己的能力有了一个全新的概念。

拉扎诺夫公开宣布，他可以用暗示法提高人的记忆力 50% 以上。不久，他又宣布，用这种无紧张学习法，学生们在一个月内能够学会 1 种外语，而且在一年以后仍然能记住大部分学过的东西。这种方法无论对老人或年轻人，聪明的人或迟钝的人，受过教育或没有受过教育的人都同样有效。这种方法还可以同时增进人体健康，治疗由紧张造成的各种疾病。

是真，是假，是一场学习的革命，还是一个弥天大谎？

一个专门调查拉扎诺夫暗示学习法的委员会成立了。委员会的成员们聚集在索非亚一家旅馆的大房间里，他们决定试一试这个耸人听闻的学习方法。他们坐在舒适的椅子上，房间光线柔和，播放着平缓的音乐。这里完全不像是一个进行严肃调查工作的场所。

教师告诉他们："放松，什么也不要想。在我念材料时，请注意听音乐。"

第二天，尽管委员会的成员认定他们什么也没有学到，他们还是惊奇地发现他们记住了许多东西。在测验中，他们可以自如地读、写和说昨天2小时课程中学到的120多个生词。用同样的方法，他们又轻松地学完了语法；几个星期以后，这些原先坚决认为这种无紧张学习法不会有收效的人，已经能够比较流利地讲一门他们原先不懂的外语了。

1966年，保加利亚教育部正式成立了拉扎诺夫学院作为研究暗示学习法的中心。这个学院拥有30多位教育、医学和工程方面的专家，采用暗示法教普通班级学生；同时做各种生理和医学方面的研究，以图找出高速学习和超级记忆的原理。这以后，在苏联、在美国亦有不少相类似的超级学习法的实验与实践，也大都取得了良好的效果。

有趣的是，拉扎诺夫精通催眠术，也承认超级学习法的创立部分得益于催眠术，可反复声称超级学习法不是催眠术。他为什么又要与催眠术"划清界限"呢？原因在于，他着重强调的是催眠术与超级学习法是处于不同的意识状态：前者是处于无意识状态；后者是处于意识状态。拉扎诺夫是立足于催眠术而决心使人处于清醒状态但又能获得催眠术的益处。实际上超级学习法正好是我们所说的"类催眠现象"的最好例证。

（三）在体育运动方面的应用

在体育方面的运用也非鲜见。从消除疲劳到增强自信，从克服紧张情绪到增进技能、体能，催眠术都可以起作用。郑洲在《催眠术的产生、发展历程及其应用综述》一文中，具体描述了催眠术在体育方面的运用。

1. 增强肌肉力量

当在催眠状态下施加增强力量的暗示语后，运动员的力量会显著增强。这已被心理学家哈德菲勒用实验加以证实。哈德菲勒使用测力器测量被试者手臂力量，结果发现，被试者在清醒状态下的平均成绩为 101 斤，而在催眠状态下的成绩提高到 142 斤。有人也对举重运动员进行这种实验，发现运动员在催眠状态下举起了比平时最高成绩还重 10 公斤的重量。为何有如此惊人的差异？这是因为人在催眠这种特殊状态下，潜力容易得到挖掘。

2. 克服紧张情绪

研究表明，适度的紧张有助于取得好成绩；但紧张过度，则会严重影响比赛成绩。采用催眠术可显著降低运动员赛前、赛中的紧张程度，在催眠状态下可直接暗示运动员："你现在越来越平静，越来越放松。你的心跳越来越有节奏，呼吸越来越有规律。"经过这样的一些积极的语言暗示，就会使运动员清醒后在生理上和心理上产生良好的反应。

3. 治疗运动恐怖症

运动恐怖症多是由于在训练或比赛中身心遭遇重大挫折所致，比如受伤、失利等。例如，有的运动员特别不喜欢在铺有红色塑胶跑道上比赛，这是因为他曾经在类似这样的场地上失败过。临床上，对恐怖症的治疗大多采用系统脱敏疗法，如果在催眠状态下实施系统脱敏法，治疗则会更容易，更为有效。这是因为：第一，在催眠状态下，运动员将会得到充分的放松。第二，在催眠状态下，运动员的想象更加鲜明、逼真。

4. 学习和改进技术动作

我们知道，学习知识是要用大脑的，运动技能的学习，不仅是肌肉活动的训练，大脑同样要参与动作的掌握。如果没有大脑的参与，那动作技能的学习，就形同机器人，机械地、枯燥地重复，是不会有任何的提高。因此，许多教练员和运动心理工作者特别重视想象训练在学习和改进技术动作过程中的作用。想象训练主要指运动员有意识地、积极地利用头脑中形成的运动表象进行训练的一种方法，通俗地讲，就是在"头脑中放电影"。其目的是通过心理活动促进运动技能的形成和发展。在催眠状态下运动员极度放松，意识集中指向催眠者，因而表象的产生也就越清晰，想象训练的效果也就比在清醒的放松状态下的训练效果更好。

5. 治疗失眠

运动性失眠，几乎是每一位运动员都不可避免的问题，治疗失眠也多是运用一些药物。

长期使用这类药物，对运动员的健康不利。催眠对治疗失眠有显著作用，它可以将运动员从催眠状态转入睡眠状态，而且这种由催眠状态转入的睡眠状态要比自然的睡眠状态睡得更深更沉。

6. 消除疲劳和恢复体力

艰苦的训练和激烈紧张的比赛往往导致运动员身心极度疲劳。对于这种疲劳，多是采用休息、睡眠、营养和物理疗法来消除。但这些方法只能消除身体的疲劳，而心理的疲劳则难以消除。运用催眠术不仅能快速消除身体疲劳，而且能消除心理上的疲劳，以使身心处于完全放松，这是其他任何一种方法所不能比拟的。在催眠状态下暗示运动员："现在，你的身心已完全恢复，当你醒来时，会感到精神振奋，全身有力……"当运动员醒来后，真的会感到大脑清醒，精神状态极好。

（四）在司法方面的应用

国外的司法部门早就陆续引进催眠术，帮助其破案、审案。虽然从催眠中获取的资料不能成为直接的司法证据，但它毕竟可能提供重要的线索。著名的德国"海德堡事件"便是明证。在这个事件中，犯罪分子利用催眠术达到其罪恶目的，而侦破者也同样利用催眠术将罪犯绳之以法。

丁成标在《催眠与心理治疗》一书中提出催眠术在司法方面的作用至少体现在三个方面。

第一，获取侦破线索。犯罪嫌疑人在清醒状态下，往往拒绝交代自己的犯罪事实，或者转移视线，避重就轻。这在很多无直接证人或证据的情况下，给案件的侦破增添了难度，影响破案的效率与社会稳定。催眠状态是"无抵抗"的潜意识状态，在催眠状态下，犯罪嫌疑人会毫无保留地说出犯罪真相。当然，这种状态下说出的犯罪事实还不能成为判罪的客观依据，但它为侦破案件提供了线索，成为突破案件的"缺口"。同时，一个犯罪行为是受复杂的心理所支配的，运用催眠术，可分析犯罪心理产生的基础、原因，揭开深层的心理结构，为有效控制犯罪提供参考，为侦破其他案件提供经验。

畏罪、侥幸、恐惧心理是犯罪嫌疑人在审讯中普遍存在的心理现象，也是审讯犯罪嫌疑人的主要障碍。因此，突破心理防线、解除顾虑和打消对立情绪就成了审讯成功与否的关键。这种情况下，可采取反抗性催眠或借助药物进行催眠。

第二，判定责任能力。催眠术能帮助判定被告人的精神状态是否正常，提供给精神科医生做进一步检查，最后判定其责任能力。

第三，协助教育改造。犯罪分子进入监狱后，随着强制改造和生活习惯的改变，原有的动力定型被破坏，又由于言行受限制，便会产生焦虑反应，情绪会极不稳定。有的会抱着无所谓的态度，产生对立情绪；有的会紧张、烦躁、恐惧，出现孤独感；有的会后悔自责、悲观绝望，甚至自残自杀；有的会更加仇视社会或他人，愤怒、暴躁，甚至产生攻击行为；等等。

这些情绪和表现，都不利于其认罪悔过，服刑改造，也给教管工作带来了难度。应用催眠术，对于稳定犯人的情绪，使其认罪悔过有一定帮助。在催眠状态下，催眠师首先帮助犯人端正认罪态度，正确认识和对待自己的罪行及判决结果，使其产生认罪、服罪、悔罪和积极改造的愿望；进而帮助犯人剖析犯罪的根源和危害，消除导致犯罪的错误观念；最后鼓励犯人树立起改造自己的信心和正确的人生信念。

（五）在军事、情报方面的应用

催眠术在军事、情报方面的应用也非鲜见。

据俄罗斯媒体报道，俄罗斯联邦警卫局退役少将、前总统叶利钦的保镖鲍里斯·拉特尼科夫透露，俄、美、日、以等国都在研制能够随意摆布对手的"心理武器"，即通过心理作用，控制他人意志，指挥对方无意识地执行各种任务。拉特尼科夫说："苏联自 20 世纪 20 年代开始，就已经在心理影响领域取得研究成果。20 世纪 80 年代中期，苏联在基辅、列宁格勒、莫斯科等地共有 20 个研究人类心理作用的大型秘密中心，全部由克格勃负责。"拉特尼科夫表示，美国也在积极研制"心理武器"。如美正在研究东方心理生理系统基础上，借助催眠术、神经语言学编程、计算机应用心理疗法、生物钟刺激等，从事心理影响方面的研究，目的是获得控制他人行为的能力。

苏联克格勃还曾将催眠术直接运用于他们的间谍活动之

中。1978 年，世界国际象棋锦标赛在菲律宾举行。27 岁的苏联选手卡波夫是当时的卫冕冠军，他的对手是世界著名棋手维克多·克尔其诺。克尔其诺是苏联国际象棋冠军，1976 年逃往西方，但家人还在苏联。他公开表示要借这次受到国际媒体广泛关注的比赛，来要求苏联释放他的家人。可以想象，在国际象棋这一苏联最盛行的娱乐项目上，假如卡波夫被一个叛逃者击败，那将是多么丢面子的事情。克格勃为这次象棋锦标赛，在菲律宾专门组织了一支超级特工队伍，目的就是影响克尔其诺，使他无法赢棋。克格勃找到弗拉基米尔·祖卡。这位苏联著名的意念遥控大师，虽然只是以一个观棋者的身份出现，但克尔其诺却说，祖卡运用了催眠术，对他进行干扰。从比赛一开始，祖卡就对克尔其诺产生了影响。本来一向以攻势凌厉、棋风灵活著称的克尔其诺表现得犹豫不决，而且他的信心也随着比赛的进程不断减弱。尽管祖卡后来被挪到了赛场的后排，克尔其诺仍然称感受到了他的强大影响。比赛持续了破纪录的 78 天，总共下了 32 盘棋。最后，克尔其诺输了。当他向苏联抗议时，他们解释说，祖卡只是在观察他的"肢体语言"，然后向卡波夫提出建议。

以色列的情报部门摩沙迪已经将催眠术用于间谍的审讯。另外，以色列人还利用催眠术进行人的自我调节、意识改变、挖掘人体潜能使人得到新的能力，主要为运动员、情报人员和特种部队服务。

第二章　催眠术的历史回顾

催眠术有着坎坷、漫长、带有传奇色彩的历史。从迷信到科学，从表演到实用，几经起落、备受磨难，至今终于获得许多科学家的首肯，并得到了许多人的青睐。我们认为，了解与把握它的发展脉络，有利于摒弃种种偏见与谬误，更好地利用这一心理治疗技术。

一　催眠术的萌芽阶段

如果要追溯催眠术的历史渊源，在 3000 多年前它就已初露端倪了。

据台湾心理治疗学家研究，催眠术的最初发源地是在埃及、印度和中国，尽管使之走上科学化道路的是西欧。据中国古代文献记载，在周穆王时期，就有西极域国化人来中原，能投身于水火、贯穿金石、移动城邑、转反山川、变万物的形态、解他人的忧虑。这些传说中自然有不实之处，但仍可窥见现代催眠术的端倪所在。

在古代的东方，这种"类催眠"现象是举不胜举的。像中国古代的江湖术士所惯用的让人们神游阴间地府、扶乩等等，事实上都是借助于催眠术的力量，使人们产生种种幻觉或进入自动书写状态。印度婆罗门教中的一派所进行的"打坐"，就是一种自我催眠的方法。后来这种方法被引入佛教，成为尽人皆知的"坐禅"。与此相似的便是道教中的"胎息法"。这些自我催眠的方法都有助于修身养性与治疗疾病。

古罗马的僧侣每当从事祭祀活动的时候，就先在神的面前进行自我催眠，做出有别于常态的催眠状态下的种种表现，然后为教徒们祛病消灾。由于僧侣们的状态异乎寻常，教徒们疑为神灵附体，故而产生了极大的暗示力量。在古罗马的一些寺庙里，还为虔诚的教徒们实施祈祷性的集体催眠，让他们凝视自己的肚脐，不久就会双眼闭合，呈恍惚状态，从而可以看到"神灵"，还可听到神的旨意等。不过，较早有意识地将催眠与暗示运用于疾病治疗方面的，当推古希腊和古埃及的医生们。他们早在公元前 2 世纪，就比较广泛地以此作为治疗疾病的手段了。譬如，古希腊的著名医生阿斯克列比亚德就曾亲自从事过这一方面的实践。

英国学者弗里克在其《催眠疗法》一书中说：古代文献中最早关于催眠治疗术的文字记录，描述了早在公元前 1552 年在古埃及医药领域的使用情况。文中写道：医生将手放在病人的额头，声称具有超自然的治疗功效，他发出奇怪的言语和暗示，而这的确具有治疗效果。古埃及国王庇鲁赫思、韦斯帕西恩皇帝、法国的弗朗西斯一世及直至查理十世的其他法国国王都曾用过这种治疗方法。

人们认为，希腊医药之父希波克拉底也曾讨论过这种医学现象，他认为，"闭上眼睛后，灵魂将彻底明白来自肉体的痛楚。"

根据相关资料，《圣经》中有关催眠术的最早记录见于《创世纪》："上帝让男人陷入沉睡，然后抽掉他的一根肋骨，再用肌肉填补好伤口。"在此过程中，上帝把催眠术作为一种麻醉剂，这样在抽掉亚当的肋骨的时候，他就不会感到任何疼痛了。

在宗教图书《使徒行传》中提到这样一位传道者，他可以通过凝视另一个人的眼睛来治病。"这个病人正在聆听保罗的讲话，同时保罗也在注视着他。保罗看出病人对治疗很有信心，于是就响亮地说：'请站直！'于是那病人跳起来并开始行走。"

有些人认为，《圣经》中撒母耳的约伯安睡，类似于催眠时的恍惚状态。另一些人则认为，耶稣给许多接受他治疗的人施用了催眠术。

总之，无论是在西方还是在东方，其宗教活动中或多或少地存在着"类催眠"现象。在疾病治疗中，也可看到催眠与暗示的踪影。然而，需要指出的是，这种类催眠现象还不能和现代催眠术相提并论。首先，那时的催眠现象带有浓厚的神秘与迷信色彩，有时成为宗教活动不可缺少的一部分。其次，在那时，掌握催眠术的人被认为超人一等，具备某种特殊的、由神灵赋予的力量。再次，由于当时人们笃信宗教，将受术者导入催眠状态难度不大，故而技术也很简单。总之，古人运用催眠术的目的或者是为宗教活动服务，或者是为了修身养性，或者是为了治疗疾病，而这三者往往又渗透掺杂在一起。自然，那时也没有"催眠术"这个词，施术的方法也与现代催眠术有很大区别。

二　麦斯麦与催眠术

谈到催眠术的历史时，一个不可忘却的人物就是奥地利人麦斯麦（1734~1815）。他毕业于维也纳大学，是一位富有的开业医生。他对占星术颇有研究，深得其中三昧。曾写过一篇《关于行星给予人体影响》的论文。在文中，他将早先广为流传的"动物磁气说"发扬光大。"动物磁气说"认为：在天地宇宙之间充满着一种磁气，一切生物都依靠这种磁气的养育，人类经常从星星中接受这种磁气。麦斯麦推论，既然人们要依靠这种磁气的哺育，那么这种磁气的力量也会使一切疑难杂症烟消云散，使人们康复如初。他的观点在维也纳未得到承认，1778

年他来到欧洲的文化中心巴黎。在那里，他把自己的理论变为实践，运用被后人称为"麦斯麦术"的方法，为人们治疗疾病。

他的治疗方法是这样的：在一间光线昏暗的房间中央设置了一个金属桶，在桶内放一些化学药品和金属，使之发生化学反应。然后让众多的病人握住金属桶柄，或用发亮的铜丝触及患痛部位。同时暗示病人，会有一种强大的祛病去痛的磁气通过你的躯体，从而使疾病痊愈，身体康复。一切准备就绪以后，丝竹声起，裹着绢丝衣裳的麦斯麦飘然而至。他一面在众多的患者之间来回穿梭，一面用长鞭或手指触摸患者患病部位。一段时间以后，患者就进入麦斯麦所说的"临界状态"——患者忘却了自我，大声喊叫，还有些人激烈痉挛或昏睡过去。一阵兴奋过去以后，病就好了。麦斯麦术出现以后，巴黎城为之轰动，在上流社会的妇女中更是交口传诵，一睹为快，甚至连当时的法国皇后玛丽·安托万内特也热衷于此道了。

毫无疑问，磁气本身根本不可能治愈任何疾病，患者们之所以能够康复如初，完全是由于自我暗示的缘故。麦斯麦正是利用人类易受暗示的心理特点，用这一奇特的方法诱导患者，使得牢牢压抑着患者的潜意识心理释放出来，通过疏导作用来达到治愈疾病的目的。

名噪一时的"麦斯麦术"引起了各界的注意。有人专门设计了相应的实验对其进行探讨。其结论是：麦斯麦术是一场骗局，所产生的治愈疾病的效果并不是由于磁气的作用。囿于当

时的认识水平，人们认识不到自我暗示的强大力量以及生理与
心理之间相互联系、相互影响的密切关系。因此，法兰西科学
院宣布麦斯麦术是一种江湖骗术，毫无科学根据。加上国王路
易十六对此也很反感，并认为有伤风化，从而把麦斯麦赶出法
国。晚年的麦斯麦在瑞士的布登湖边默默地结束了他的一生。
虽然麦斯麦并非明确意识到自己正是利用催眠术治疗疾病，历
史地看，他在催眠术史上却占有极为重要的地位。

三　布雷德与催眠术

　　19 世纪上半叶，随着科学技术的迅速发展，心理生理学已
获得了长足的进展。此时，麦斯麦术虽然被视为异端邪说而遭
否定，但毕竟由于其具有一定的实用性仍然受到一部分人的青
睐。特别是一些外科医生把它作为手术时减轻病人疼痛的一种
有效手段。1841 年 11 月，英国的一位外科医生布雷德带着挑
剔的眼光在曼彻斯特细心观察了一位瑞士医生利用麦斯麦术为
病人做治疗的全过程。布雷德原本想找出其中的欺诈手法，结
果并未发现任何破绽，而病人的确是痊愈了。布雷德医生不愧
为一位正视现实的科学家，勇于摒弃自己的任何偏见。这种奇
异的现象激发起他强烈的探究心理，亲自从事麦斯麦术的实践，
并进行了理论研究，取得了丰硕的成果。

　　他既不把麦斯麦术当成江湖骗术完全否定，也不是毫无批

判地全盘接受，而是取其精华，去其糟粕，以扬弃的态度、科学的精神，正确对待麦斯麦术。他抛弃了荒谬的、带有神秘色彩的"磁气""流体"的理论。他在《神经催眠学》一书中强调指出：催眠现象是一种特殊的类睡眠状态，是视神经疲劳后引起的睡眠。之所以如此，是它有深刻的生理学基础。催眠的施术并没有任何神秘的超自然的力量，也没有赋予受术者任何东西，催眠状态完全是由于受术者的眼睛凝视时间长了，使睑肌疲倦和"瘫痪"而引起的。后来他又发现不仅视觉的凝注，而且思想、观念上的凝注同样也可以诱发催眠状态。同时他还指出：催眠的关键所在是暗示。他从名称上舍弃了"麦斯麦术"，根据希腊文 hypnos（催眠）的字意创造了英语单词 hyponstism，意即催眠术（尽管这一名称并不十分完备，常被人误解是催人入睡的技术或治疗失眠症的技术）。因此，布雷德被认为是现代催眠术的创始人，是尝试对催眠现象进行科学解释的第一人。

布雷德根据自己的理论设想，发明了一种发光的小器械，即目前催眠术界广为使用的催眠球。他在实施催眠术时，就是用这催眠球进行的。他要求受术者注意力高度集中、凝视催眠球，目光不可转移。数分钟后，受术者的视神经就将疲劳，瞳孔高度放大，泪水夺眶而出。之后，再施以单调的催眠暗示，渐渐诱导其进入深催眠状态。如此做法屡试不爽，后人纷纷仿效之。

四 布拉姆威尔与催眠术

在布雷德之后的另一催眠科学大师是布拉姆威尔。他曾著有一本催眠术的经典著作《催眠术的历史、理论与应用》。在他的著述中，不但深刻地阐明了催眠疗法的真正价值所在，还详尽地列举出许多顺利应用催眠实例，并说明了在各种情况下应该如何使用各种不同的催眠方法。他的治疗效果为许多人所折服，事实上起到了推动催眠术沿着科学道路前进、发展的作用。

布拉姆威尔所采用的催眠方法是：让受术者坐在椅子上，并为了反射光线而使用一面小镜子。当受术者睁开眼睛时，他就让受术者看镜子里反射出来的光线。经过 30 分钟以后（最长时限），受术者无论如何也不得不闭上眼睛。这时，布拉姆威尔便将自己的手放在受术者的脸上或上半身，查看受术者是否已进入某种程度的催眠状态。

在多次实验的基础上，布拉姆威尔发现：大部分受术者都可以用这种方法使之进入催眠状态。后来，他对这种技术加以改进，只需花费极短的时间便可让受术者进入催眠状态。据传说，他曾经在一个晚上对 30~60 个病人实施催眠术。

布拉姆威尔的催眠施术方法十分简单，他通常依次对受术者这么说："请你看着我的眼睛……你的眼皮会变得愈来愈沉重，以致渐渐地无法睁开眼睛，那么，你就闭上眼睛吧！"说完便转身离去。在正常的情况下，大部分受术者都会接受这种暗示，将眼睛闭上。如果受术者仍然没有进入催眠状态，他就摇动受术者的手，同时说道："你赶快睡吧！"

根据记载，布拉姆威尔在为陌生的病人实施催眠术时，施术的方式就有所不同。他会首先与病人交谈，以确认他们对催眠疗法的认识究竟有多少？此外，还会做一些必要的说明和解释，以使病人对催眠术有一大致的了解，并使病人某些心理障碍得以解除。继而要求受术者凝视自己的眼睛 2~3 分钟。然后反复暗示：你的眼皮愈来愈沉重，你很想闭上眼睛而不愿睁开……与此同时，将房间的光线调暗，受术者便可渐入佳境。

在论及催眠施术的技巧时，布拉姆威尔有一段精辟的论述，他说："所谓的技巧并没有一定的规则，最重要的是要详细了解每一位受术者，然后再根据自己的过去经验来进行治疗活动。"

五　夏科与催眠术

到了 19 世纪 70 年代，也就是催眠术在法国被取缔 100 年以后，在巴黎享有盛誉的神经精神科医生、现代神经病学的创始人夏科又重新开始对催眠术进行研究并在实践中加以采用。由于他的崇高声望，催眠术再度引起人们的注意和兴趣。夏科主要是在 12 名癔病患者身上进行试验，使用突然的、短而强的刺激或弱而时间长的刺激作用于受术者的感觉器官，进行催眠。他认为言语性暗示只有次要的意义，并认为催眠状态和癔病性神经症之间有一致性，都是病理状态的表现。他还强调指出，催眠状态是一种人为的精神神经症状态，只能施于神经过敏和精神不平衡的人。他还宣称：他是第一个以神经病学家身份研究催眠术的人，是他最早指明了施用催眠术的途径，创立了一套描述其多重阶段的科学理论。他把催眠过程分为三个阶段，即嗜眠阶段、僵直性昏厥阶段、放松睡眠阶段。这大致类似于我们今天所划分的轻度催眠阶段、中度催眠阶段和深度催眠阶段。

不过，夏科拒绝用催眠暗示法为患者治疗疾病，他仅仅把催眠术视为神经病学的一个分支，只能充当"大癔病"的演示手段（他的确进行了不少类似的表演，并曾轰动一时），而不能当成治疗疾病的手段而加以使用。之所以得出如此错误的结论，究其原因，是夏科所研究的对象都是精神病患者，取样狭窄；加之只着重研究深度催眠，使得他在催眠术的问题上误入歧途。

夏科的论点当时就遭到南希大学贝恩海姆教授的强烈反对。此人继承并发扬了布雷德的观点，做过几千例成功的催眠手术（贝恩海姆喜欢将他实施催眠术的过程称为"手术"）。他曾著有《催眠与暗示》一书，特别强调暗示与反暗示在催眠过程中的奇特作用。他指出，催眠状态不过是一种暗示性睡眠，是一种提高了暗示感受力的状态。其基础是人类固有的一种特性——暗示性，即一个人的意志暗示对另一个人的意志发生影响的倾向。贝恩海姆认为暗示是一种社会活动的表现，即把别人所暗示的观念接受过来，并实现于自动的动作之中。催眠必定是暗示的结果，催眠会依赖于暗示，暗示是一种普遍的心理现象，所以不能说催眠状态是病症。显然，贝恩海姆的理论比夏科的理论大大前进了一步。

六　弗洛伊德与催眠术

西格蒙德·弗洛伊德以精神分析享誉天下，其实，他与催眠术亦有一段不解之缘。

1885年，年轻的弗洛伊德到巴黎的萨尔拜特利尔医院师从著名的夏科教授，从事神经病的学习与研究。有一次，夏科教授进行了一例当时已很少出现的"大癔病"示范表演，所使用的手段就是催眠术。不一会儿，受术者出现幻觉、意识丧失、肌肉僵直……种种神奇的现象令全场观众如痴如醉，弗洛伊德也为之倾倒。然而，一位来自斯堪的纳维亚的医生却告诉他，这完全是在演戏，而南希派的催眠暗示法才是真正有效的治疗手段。当时，弗洛伊德对谁是谁非没有得出结论，但催眠术本身却给他留下了不可磨灭的印象。在以后的岁月里，他开展了对催眠术的研究和实践，尽管催眠术在当时还很难为医学界所认可。

弗洛伊德在维也纳开设了私人诊所以后，事业日进，对催眠术的兴趣也愈发浓厚。不久，他在生理学俱乐部上宣读了一篇关于催眠术的论文，并对一位意大利妇女进行了催眠治疗，颇见成效。在医疗实践中，他愈来愈发现许多疑难病例的根本原因，并不都是生理因素；对于这些，手术和药物都无能为力。后来，当他读到贝恩海姆教授写的《催眠与暗示》一书，对其利用催眠与暗示手段治疗疾病的病例极感兴趣，从而进一步萌发了利用催眠术治疗心因性疾病的欲望。其时，维也纳的反对者为数众多，著名的特奥多尔·迈内特一提到催眠术便破口大骂，暴跳如雷。弗洛伊德没有为权威和习惯势力所左右，继续进行利用催眠术治疗患者的尝试。

有位太太，不能给她的孩子喂奶，经人介绍，来到弗洛伊德的诊所就诊。弗洛伊德果断地对她实施了催眠术。这次，没有花费多长时间就使患者进入催眠状态。在催眠状态中，弗洛伊德反复向患者暗示：你的奶很好，喂奶过程也令人愉悦等等。施术两次以后，患者康复如初。催眠后暗示也完全成功。令人啼笑皆非的是，患者的丈夫唠唠叨叨，说催眠术会把一个女人的神经系统给毁了，病愈完全是上苍有眼，与弗洛伊德无关。弗洛伊德对此并不介意。他只是感到喜不胜喜。因为，一种新的疗法被证实了！此后，他在医疗实践中频频使用催眠术。丰富的实践和天才的智慧使弗洛伊德愈来愈坚信：催眠术是开启无意识门户的金钥匙。

这一想法，在对埃米夫人的治疗中得到了充分的证实。这位患者在丈夫死后的 14 年里，断断续续地患上好几种莫名其妙的病。最为典型的是经常表现出神经质的紧张与痛苦的神色，尤其害怕别人碰到她，时时出现可怕的幻觉。在催眠过程中，直接地暗示其症状已经消失，但并未奏效。弗洛伊德意识到，只有找到诱发埃米夫人恐惧发作的根本原因，才谈得上为她消灾祛病。然而，在清醒的意识状态中，表层的原因可能得以揭露，深层的又是起主宰作用的原因却无从知晓、觉察。鉴于此，弗洛伊德便借助催眠术开启患者无意识的门户。

这一方法果然灵验。如同层层剥笋，患者将她童年历次受惊吓的经历毫无保留、流畅地吐露出来。弗洛伊德还观察到，她每谈到一件往事，都要打一个寒颤，面部和全身的肌肉也会抽搐几下。可见这些往事对她的影响之深、危害之大。通过对深层原因的发掘，以及随之而进行的抹去这些痛苦记忆的治疗，埃米夫人的症状大为好转。

作为一位大师、一位慧眼独具的科学家，弗洛伊德的欢欣并不止于成功地解除了一位病人多年来的疾苦，而是对整个人类有了进一步的认识。你瞧，埃米夫人有种种病态的表现，但又不难发现她的聪慧与敏捷。这表明，有两个自我存在于她的心灵世界中：一个是害得她得了精神病的反常的、次要的自我；另一个是正常的、主要的自我。用她自己的话来说，她是"一个镇定自若、目光敏锐的观察家"。坐在大脑的角落里，冷眼旁观着另一个自我的一切疯狂行为。显而易见，埃米夫人有两种截然不同的意识状态，一种是公开的（即意识状态），另一种是隐藏的（即无意识状态）。弗洛伊德自豪地声称：我观察到了这两种意识状态的完整的活动过程，现在对这股"第二势力"（即无意识）的工作方式已有了清楚的认识。我已经瞥见了一个还没有人知道、没有人勘探过的新大陆——一个具有极其重要的科学研究价值的领域。大多数心理学家都承认，弗洛伊德对心理学乃至整个人类最大的贡献莫过于发现了无意识的存在，而在这发现过程中，催眠术无疑给了他极大的帮助和启迪。

人们可能只知道弗洛伊德提出"泛性论"后曾遭到许多人的攻击。其实，在他着力于催眠术的研究和实践时，尤其是在前往南希大学深入考察催眠术以后，在世人看来，他已陷于"罪恶"之渊了。维也纳的医学界一致认为他已走向科学的死胡同，没有人愿意和他讨论这一问题，甚至患者也很少光临他的诊所。弗洛伊德没有屈从于偏见的压力，而是进行了更为深沉、冷静的思索，从而使利用催眠术探索人的无意识奥秘的理论与技术日臻完善。耐人寻味的是，对弗洛伊德所推崇与从事的催眠术持最激烈反对态度的著名教授迈内特，临终前对弗洛伊德恳切地说："你是对的，你赢得了真理。西格蒙德，最激烈地反对你的人就是最相信你是正确的人。"

众所周知，弗洛伊德后来放弃了催眠术。这是由于弗洛伊德感到催眠术存在一定的局限性（这种认识有合理的一面，但其中也不无偏见）。其一，不一定对于所有的患者都能够施予催眠术。其二，不是对于任何患者都能够自由地引导到所设想那样深度的催眠状态。其三，在他看来，催眠术的适应症仅限于歇斯底里病症。不过，促使弗洛伊德放弃催眠术的直接动因是一次医疗事件。一天，弗洛伊德治疗某位女性患者的疼痛发作，在催眠术使她从痛苦中解脱出来时，那位患者的眼睛似睁非睁，拥抱弗洛伊德，显示出性冲动亢进因素的存在。究其原因，在催眠状态中，一时性的靠近，受术者把自己的心扉敞开给治疗者，并产生一种比较强大的依存性，也就是发生了异常的、过于依靠的倾向。鉴于以上种种原因，弗洛伊德停止使用催眠术。

停止在治疗中使用催眠术，并非意味着弗洛伊德对催眠现象及其催眠术的否定与抛弃。在他的"自由联想"方法中，依稀可以看到催眠术的影子。有人甚至认为：自由联想方法实际上就是一种催眠法。接受精神分析的人都是处在轻度催眠状态之中的。在弗洛伊德的后期著作中，仍然可以看到他用催眠现象来解释人类心理与行为的论述。

七　横井武陵与催眠术

作为敞开胸怀拥抱西方文明的日本国，对于现代科学的催眠术亦持吸收、扬弃的态度。近藤加山便是在日本国提倡催眠术的始祖。此后，在日本，研究并应用催眠术的热潮一浪高过一浪，新人辈出。到了 20 世纪初，在日本的催眠治疗学家中最享有盛誉的，乃是横井武陵。正是由于他的大力提倡，催眠术才盛极一时，并成立有关学术组织，自任会长。

横井武陵的催眠施术方法看起来并不复杂，但效果之佳，实在让人吃惊。即使受术者对催眠术有很大的疑虑或存在反抗观念，一经横井武陵的施术，疑虑与反抗的意识顿时烟消云散，几乎是无条件地服从横井武陵发出的暗示指令。据说，横井武陵之所以有如此之魔力，归结起来是两方面的原因。

其一，人格高尚，名播四方，强烈的权威暗示，使受术者望而折服。其二，具有高超的语言艺术，在施术之前，横井武陵总要详细地谈谈他的催眠施术是如何进行的，受术者在催眠过程中大致会有哪些表现等。由于他的话合情合理，娓娓动听，再加上他的名声受术者早就如雷贯耳，于是，敬仰之心、信赖之情油然而生，欣然愿意接受催眠治疗，并对进入催眠状态有一种强烈的预期作用。很自然，引导这样的受术者进入催眠状态确实是不会有什么困难的。

横井武陵的施术程序是这样的：

　　将受术者引入催眠室，告诉他要排除一切杂念，安坐于椅子上，然后横井武陵便暗示受术者："你看到我的手指遮住你的眼睛时，你就会闭上眼睛睡着。"暗示完毕后，就用右手的大拇指和食指，向受术者作闭目的手势，然后移近至受术者两眉的中央，将两只手指分别遮住受术者两眼的瞳孔，并且颤动不停，愈快愈好，使受术者的眼睛不能再自由张开，因此只得闭起。这时，横井武陵就再暗示受术者："你的眼睛已不能再睁开了，无论如何也不能睁开了。"反复暗示数次以后，看到受术者果然闭目睡去，就收回手指，此时受术者已经渐渐进入催眠状态了。

横井武陵的催眠方法，并没有秘不传人的绝招，但是，很少有失败的记录。对此，横井武陵曾坦言相告。他说，我所依靠的是经验和坚定的信心。每一次遇到新的受术者进来，与他们谈话时，就先详细地探问他（她），对他们感受性的强弱，反抗及疑虑心之有无，就可以一目了然。如果有反抗及疑虑心的话，就立刻设法帮他们去除，并努力提高他们的感受性，然后再予以暗示，自然就容易成功。至于治疗疾病，更是要小心询问，不但要详细了解患者患病的原因、症状及生活状况，甚至还要了解其家庭的病史及健康状况等。所有这些，都是他人所不做或感到没有多大意义的事情，而横井武陵却不厌其烦，刻意去做。这大概就是他的秘诀所在吧！

横井武陵在日本的名气相当大，许多大学和大医院都争相延聘。他不仅亲自施术为许多病人消灾祛病，同时还造就了大批人才，如今许多催眠学界有影响的人物，都曾直接或间接师从于他。

八　艾瑞克森与催眠术

20 世纪最著名的催眠学家当推米尔顿·艾瑞克森。据童小珍主编《催眠术手册：一种神奇的心理疗法》一书介绍：在

1923 年的一次讲座上，威斯康星大学的一位年轻的心理学学生对克拉克·赫尔的催眠术展示大为着迷，他将受术者拉到一边，自己亲身经历实验。这名学生就是米尔顿·艾瑞克森。从此开始，他踏上了研究催眠的征程，最终成为美国催眠学界的泰斗。他既是研究者又是从业者，在长期的职业生涯中对数千人实施了催眠。艾瑞克森出身贫寒，在世的大部分时间疾病缠身，但他却出类拔萃，极具人格魅力，一直把催眠术用作治疗工具。他最为重要的观点之一是无意识是自我治愈的无比强大的工具。他相信，我们每个人体内都蕴藏着自我帮助、自我修复的能力。

　　米尔顿·艾瑞克森一生历经磨难，除了生理上疾病缠身以外，在事业早期，当时不相信催眠术的医学权威威胁要没收他的行医执照。一个有趣的野史记载说，他催眠了美国医学学会成员，并成功游说他们允许他保持执照。他对催眠术作出的最大贡献是研发了诱导恍惚和对无意识大脑进行暗示的有效新技巧。在他之前的恍惚诱导方法十分单一教条，患者只是被告知自己感到困倦，将要进入恍惚状态。艾瑞克森没有完全摒除这种方法，但主张根据患难与共者的个性和需要对治疗师的手法加以调整。他研发了被称做间接催眠或"容许性"催眠的技巧，通过运用语言使患难与共者融入双向过程中去。他们会有效地将自己导入恍惚状态。其中一个著名手法是"混乱"（Confusion）技术，即：通过在混杂的句子里使用毫无意义的词语使有意识的头脑发生涣散，继而使患者进入恍惚状态。艾瑞克森还在催眠中使用隐喻和讲故事的手法，对他来说，语言的想象性使用非常重要。他总是在治疗手法上不断创新，并且相信几乎每一个人都可以被催眠。艾瑞克森写下了大量催眠著作，但成为他永久性遗产的仍然是这一实用而创新的催眠疗法。当今的许多从业人员都从他的著作中得到启发。

九　催眠术在中国

我们之所以称麦斯麦为西方催眠术鼻祖，那是因为这种利用人们的迷信心理制造催眠现象的事情，在古代中国已屡见不鲜。诸如道家的各种古代仙家秘法均与当今的催眠术无多大差异，只是没有使用"催眠"的术语罢了。例如，张天师的"借鸡杀鬼"法，号称能驱鬼祛邪，降魔除病。其实这种所谓的"仙法"与当代的催眠术极为相似。施法术的道士令病人跪在坛中，然后依八卦走步 10 圈，边走边念各种咒语，在这个过程中，道士正是利用病人对仙法神威的迷信来感动病人。一声声的咒语类似于当今催眠时诱导入眠的反复语言刺激。病人面对着如此庄严的祭坛场面，道士手持宝剑，口中念念有词，俨然天神下降，心中自然感到神灵不凡，妖魔将降，此病必可解除。及至道士手持宝剑把鸡斩死，病人以为病魔已除，心中如去重负，病自然渐渐见好。在古代中国，这类所谓驱邪斩鬼的"仙法"很多，其作用正是利用人们对神鬼的迷信，诱使人们进入催眠状态，从而获得某些治疗效果。令人遗憾的是古人们并没有科学地研究催眠现象，而把其作用归于鬼神的功效，致使中国的神鬼迷信愈加根深蒂固，而催眠术则还须由海外传入。

科学催眠术在 1918 年由留日学者鲍芳洲先生传入中国。鲍芳洲先生将 Hypnotism 一词译为"催眠"，该词一直沿用至今。中文的"催眠"一词，其含义乃是"催促使之入眠也"，可见，当时的译者的确把布雷德医生的"人为睡眠"之意领会得十分透彻。当时跟随鲍芳洲先生学习的有徐鼎铭、陈健民等人。他们学成后又传播到许多省份，形成了一股学习、研究、应用催眠术的热潮。后因多种原因一度沉寂，徐鼎铭等人到了台湾后又将催眠术发扬光大，无论在实践应用上，还是在理论研究上都有了一些突破性的进展。徐鼎铭被称为中国嫡传催眠大师。在大陆，催眠术在很长时间内都被看成伪科学。改革开放以后，催眠术在中国大陆重获新生。其中践行与研究催眠术的领军人物当推原苏州广济医院的马维祥医生。现在，催眠术在心理咨询师与心理治疗师中广为流行，各地都在举办催眠学习班，这对于催眠术的推广与应用有很大的益处。但其中水平参差不齐，学习者缺乏必要的先行知识准备——心理学或医学的知识准备，又让人不免感到担忧。

十　催眠术的新发展

自 19 世纪后期以来，催眠术已不再被视为江湖骗术了，而被认为是一种有效的心理治疗手段。科学家们对之进行了广泛深入的研究，在心理治疗和外科、妇科手术中以及其他领域内也得到了经常性的运用。到了 20 世纪，学术界也不得不正视催眠术的存在了。以英国为例，1953 年，英国医学会的心理医学委员会，设立了一个专门检讨医学性效用的分科委员会。1954 年 4 月 20 日，该分科委员会在《英国医学杂志》上发表了一篇有关催眠术的详细报告。在报告中，他们认定，"催眠术被认定为是适合科学研究的对象"，"应该把催眠疗法的解说及其治疗的可能性，推荐给医学院的学生。"同时，他们还主张："有关催眠疗法的临床性效果，大凡从事心理治疗学的研究院的学生，都有加以训练的必要。"1958 年，美国医学学会也宣布催眠术是安全的，没有任何副作用。

目前，在西方、日本和俄罗斯都普遍建立了催眠术的研究组织。例如，19 世纪的后期，在法国建立了两个催眠研究中心。在美国，成立了两个全国性的催眠术协会，即"临床与实验催眠术协会"和"美国临床催眠术协会"，拥有 4000 名会员；还有 1.5 万~2 万名内科医生和心理医生接受过催眠术的训练。日本、澳大利亚和俄罗斯也有名称各异但实质相同的各种催眠术组织。这些组织既起到了推动催眠师进行培训和交流经验的作用，同时也起到了管理和约束的作用。

目前，在西方、日本以及俄罗斯的许多大学中都成立了催眠研究室，希望利用现代科学技术的手段，对催眠术与催眠现象的机理进行深入的探索。迄今为止，尽管对催眠现象的机理还没有一个能够量化的、具有充分依据的解释，但是，学者们对它的探索却一刻也没有停止。他们各自根据自己的实践提出了许多见解。虽然其中有偏颇之处，但也不乏真知灼见。

至于催眠术的专著，仅美国就出版了几十种。据美国催眠术的权威人物莱斯利·勒克龙介绍，比较好的著作有勒克龙和波尔多合著的《今日催眠术》；库克和范福格特著、洛杉矶博登出版公司出版的《催眠术手册》；魏岑霍弗著、纽约格伦与斯特拉顿出版社出版的《催眠术常用技巧》。在其他国家中也有不少值得一读的催眠术专著。中国近年来也有一些翻译和研究者撰写的催眠术著作问世。另外，在美国和其他一些国家中还有专门的催眠术研究方面的杂志。在一些普及性的刊物上也经常可以看到介绍催眠术的文章。

如今，在美国、在欧洲、在世界各地，每天都有成千上万的人利用催眠术缓解疼痛、治疗身心问题、完善自我。可以想见，催眠术在自身不断完善的基础上，在与其他科学方法相互配合的趋势中，必有一个光明的未来。

第三章　催眠术的理论探索

自从催眠现象被人们关注以后，就不断有人试图对催眠现象及其本质加以解释。这里拟介绍各种有影响的关于催眠术的理论探索成果，也将提出我们自己对催眠术的解读。

一　动物磁气说

所谓"动物磁气说"，乃是认为人的身体内有一种细微的流动体，这种流动体被称为"动物磁气"。催眠现象的出现就是这种"动物磁气"在起作用。在催眠过程中，催眠师先凝聚自己的心力，把自己体内的"动物磁气"调动起来；然后把自己的"动物磁气"感通于受术者的身上，进而调动起受术者身上的"动物磁气"，诱起了感应性的动作，受术者就进入了催眠状态。催眠师的"动物磁气"除驱动受术者的"动物磁气"外，还对它起支配的作用，这时就会产生受术者无条件地接受催眠师的暗示，并随着催眠师的各种指令，出现种种不可思议的动作的催眠效果。创立这一学说之人，就是读者们已熟知的西方催眠术鼻祖奥地利人麦斯麦。麦斯麦正是利用了人们对"动物磁气"的迷信，创造了"麦斯麦术"（实际上就是一种催眠术），并以此术治愈了不少病人的内外疑难病症，曾在巴黎轰动一时。

此外，"动物磁气说"还认为"磁气"并非人类独有，除人类以外的其他动物体内也同样具有"磁气"，也就是说，催眠现象在其他动物之中同样存在，可以对其他的动物施以催眠术。用现代观点来看，"动物磁气说"显然是一种荒谬的催眠学说。

二　暗示感应说

暗示感应说在所有催眠学说中占有最重要的地位，是迄今为止最有影响力的催眠理论之一。该学说的主要提倡者是法国的著名医生贝恩海姆教授及其追随者。由于贝恩海姆教授就教于法国的南希大学，故也有人称当时持有"暗示感应说"观点的人为"南希学派"。

"暗示感应说"认为催眠状态是一种暗示性睡眠，产生这种睡眠的基础是人类特有的一种属性——暗示性。所谓暗示性，即一个人的意志暗示对另一个人的意志发生影响的倾向。暗示是一种观念活动的表现，即把旁人所暗示的观念接受过来，并实现于自动的动作之中。所以，"暗示感应说"认为，催眠现象必定是暗示的结果，没有暗示就没有催眠现象。我们都知道，暗示是一种普遍的心理现象。显然，根据"暗示感应说"的观点，催眠现象也是一种心理现象。

"暗示感应说"把暗示视为催眠的关键所在。该学说认为，存在着两种不同的暗示感受：一种为狭义的暗示感应，即人们由于受到某种特定的外界事物刺激而产生出来的感应。例如，你的亲友或同事操办喜事，邀请你前去庆贺，你进入这喜庆之家，处于欢乐的人群之中，必然也会感到心情变得愉快起来。倘若你是赴殡仪馆参加追悼会，必定觉得心情沉重。又如，你在电影院里看电影，当看到剧中人的悲惨遭遇时，不禁潸然泪下；当看到善良的人们受恶徒欺凌时，会感到怒火中烧；当看到剧中人忠孝节义之举，则会肃然起敬；当看到有情人终成眷属时，也会有欣慰之感。

另一种为广义的暗示感应，即对各种可能接受到的外界刺激，在精神上产生一种感应。那就是说，凡是人世间的各种刺激，无论是眼睛看到的、耳朵听到的、口中尝到的、鼻子闻到的，还是手触摸到的，都是一种暗示，人们对这些暗示产生一种感应。

在催眠过程中，催眠师用暗示诱使受术者进入催眠状态；然后又利用暗示使受术者在不知不觉中按催眠师的意思表现出种种状态。例如，暗示他说，你的眼睛不能睁开，你的嘴巴不能张开，受术者果然眼睛和嘴巴都紧闭着，若催眠师不叫他睁眼和开口，他的眼睛和嘴巴绝不能动。又如，受术者身上若患有疾病，只需催眠师暗示他说，你的病已经完全好了，痛苦也已经完全消失了，他醒来以后，果然病已日见好转，疼痛的确已经停止。凡此种种，都是暗示感应的效果，表明受术者接受催眠师的暗示，并实施于自身的意志行动之中。

三　潜意识作用说

"潜意识"的概念由著名的奥地利精神病医生弗洛伊德提出，他曾两次赴法国，师从于贝恩海姆和夏科学习催眠术。他认为人的心理状态有显在与潜在的区别，显在的心理状态乃人的意识；潜在的心理状态乃人的潜意识，二者之间的交界处可称为前意识。意识的内容是人们自身所能知觉得到的，具有自觉性与自主性，体现了自身的意志力；而潜意识的内容则是人们自身所无法知觉的，个人自身不能凭意志力来支配自己的潜意识。潜意识的内容基本上是人的本能冲动，只有在特殊情况下，如幻想、梦或接受精神分析时，才会以某种形式出现在意识之中。人的潜意识领域，是弗洛伊德在运用催眠术的过程中发现的，尽管如此，但在他创立了"自由联想"与"释梦"等方法后，便放弃了催眠术。根据潜意识的作用来解释催眠现象，则是后来的催眠家们所为。

潜意识作用说的倡导者们认为，潜意识具有强韧的持久力，能发挥出惊人的力量，它不仅能使肌肉发挥出最大的能量，而且也能使我们产生创造性的幻想。但是，由于清醒时意识的作用非常强烈，潜意识的作用被压抑和减弱，所以难以显示出来。只有意识的作用减弱时，才能充分发挥潜意识的作用。据说，有一个作曲家在上厕所时，作曲的灵感特别丰富，许多佳曲都是在这种时刻创造的；另有一科幻作家则是在晚间做梦时创作出他的科幻名著。这种情形就是在意识作用减弱，潜意识作用增强时发生的。

潜意识作用说指出，催眠现象的原理在于催眠师设法减弱了受术者的意识作用，使受术者的潜意识部分显现出"开天窗"的状态，并使受术者的潜意识由此"天窗"接纳暗示。由于受术者的意识作用减弱，从而对各种其他的外部刺激不产生反应；潜意识的作用则得到加强，导致受术者遵循暗示做出不可思议的举动。也就是说，在催眠状态中，受术者被动地接受暗示，主要是其潜意识对催眠师暗示进行感应，所以没有自觉性与自主性，完全听从于催眠师的命令。若在清醒状态，意识作用占主导地位，潜意识被压抑，则不再感应暗示。

潜意识作用说还指出，减弱意识的作用，加强潜意识作用，使其处于易接受暗示状态的一种最好办法是"节奏刺激"。所谓"节奏刺激"就是对受术者的眼睛、耳朵或皮肤反复作单调的刺激。作了这种单调的刺激后，会使大脑的思考力减弱，并产生精神弛缓、倦怠、昏昏入睡的状态。而且，这种单调的节奏刺激与暗示，只集中性地刺激大脑的一部分，使该部分产生兴奋状态，而其他部分则被抑制住了，形成所谓"天窗"状态，所以容易导入催眠状态。

四　心理作用说

"心理作用说"由法国人里波所首创，曾在催眠学界风靡一时，也是影响较大的催眠理论之一。

"心理作用说"认为，催眠师之所以能够在催眠状态中使受术者感应到种种暗示，主要是充分利用了个人心理上的感受性作用。该学说指出，任何人的身体内都有一种称为"自然倾向"的机能，但这种机能缺乏自主的力量，很容易被他人的观念、意思、教训、暗示等外部刺激所激活和支配，而且只有在这种外部力量的驱动下，"自然倾向"机能才能发生作用。这种机能就是人的心理感受性。在催眠过程中，催眠师的暗示就是导引这种感受性，使其发生作用的原动力。

"心理作用说"还认为，人的心理感受性有外显感受性与内潜感受性两种。外显感受性是一种显而易见的、表面性的心理感受性，这种感受性虽然发生作用的速度较快，但较微弱，易受个人的意志所抑制。例如，若突然对一位年轻少女说，你的脸怎么红了，这位本来是面白如雪的少女，一听到这句话，两颊会突然变得绯红。这就是外显感受性在暗示的驱动下发生作用。在清醒状态下，由于受到个人意志的控制，外显感受性对暗示的感应比较少，因为清醒着的人在听到暗示后，一定会加以一番思索，经过自己头脑里一系列推理判断之后，才决定是否接受暗示。这一番思索正是个人意志的作用。

内潜感受性是一种深层的、不受个人意志所干扰的心理感受性，这种感受性发生作用的速度相对较慢，但非常强烈，其感应的范围与作用的效能也较大而且奇妙。在催眠过程中催眠师利用催眠术减弱个人意志力的作用，驱动起受术者的内潜感受性，这时的受术者心中无念，没有自主活动的机能，完全由内潜感受性发生作用，这时候给以暗示指令，肯定会得到受术者的感应，受术者会不假思索地去执行这个暗示，结果便出现了许多神奇的催眠现象。

五　预期作用说

"预期作用说"的倡导者是德国学者麦尔，他认为催眠现象产生的原因在于某种预期作用。

预期作用说的原理在于，认为人们无论从事任何事业，在做事之前必须要树立预期成功的信心，然后再尽全力去奋斗，只有这样，才有希望获得成功。这也是俗语常说的"有志者事竟成"的道理。如果事情尚未开始进行，心中却预感成功无望，那么，其结果必定是失败无疑。例如，在参军时，心中预先期望自己要在战斗中建立赫赫功勋，以后在对敌作战时定会奋勇杀敌，勇往直前，从而成为战斗英雄。又如，一个胆小怕鬼之人在夜间行走或独自睡眠时，心中必已先有害怕遇到鬼怪的恐惧心理，一旦他听到风声或看到树影时，就会引起错觉或幻觉，以为鬼怪降临，因而浑身打颤，汗流遍体。所有这些，均是个人心理上的预期作用在发生影响。

因此，预期作用说认为，催眠的成功与否完全取决于催眠师与受术者的预期作用。若催眠师心中预先存在一个必定能够使对方进入催眠状态的信念，其结果必然会成功；同时，受术者若也预先有着必定被催眠的思想，当然，也很容易进入催眠状态。特别是在以催眠治疗疾病时，若双方先存在成功的期望，那么治疗效果将会很好。

预期作用说的理论极为显浅易解，因此，许多催眠学者都十分赞许，尤其是该学说若被催眠师与受术者所共同接受时，将大大有利于催眠的圆满完成，可见该学说对催眠的实际应用还能产生一定的影响。当然，该学说对催眠机制的解释并不是很令人满意的，甚至还有些牵强附会。

六　巴甫洛夫的研究

巴甫洛夫曾对催眠现象进行了广泛而深入的研究，以高级神经活动学说为基础对催眠现象作了一些合乎科学的解释。他从动物试验中发现，当单调而持久地重复使用弱的和中等的刺激时，催眠状态发生得比较缓慢；而在重复使用强的刺激时却发生得很快。这些强的和弱的刺激物，可以用一些与它有条件关系的其他刺激作为信号，形成与睡眠相联系的条件刺激物。在人类，除了应用类似于动物的那种单调的重复刺激之外，还可以反复使用一些诱导生理睡眠现象的词句。这些词句也是条件刺激，可以引起睡眠状态。因此，凡是过去与睡眠状态曾经发生过联系的刺激物，无论是强的还是弱的，是物理的还是词语的，都可能具有催眠的作用。而且，应用的次数越多，效果也就越迅速、越好。可见，巴甫洛夫认为条件反射是催眠现象的生理基础。

巴甫洛夫还认为，催眠是觉醒与睡眠之间的过渡状态。抑制过程是普通睡眠的基础，同样也是催眠现象的基础。从这一点来看，催眠与睡眠并无本质区别，只不过催眠是部分的、不完全的睡眠。当然，催眠状态与睡眠毕竟不是一回事，它们的不同之处还是十分重要的。具体说来，沉睡状态下的人，通常是不会感受到外界的任何声音，若能感受到则表明未处于沉睡状态。而处于催眠状态下的人们，尽管可以对外界刺激不发生反应，不了解自己身处何地，不能回答除催眠师外其他任何人的问题，但对催眠师的一切表示，特别是言语暗示却极为敏感。如我们在前面曾介绍的那样，受术者只能听到催眠师的声音，以及回答催眠师的问题。受术者与催眠师的这种特殊关系称之为"感应关系"，这种作用则称为"感应作用"。这样一来，催眠师就成了受术者与外部环境之间唯一的中介者。这种孤立的、独一无二的感应作用是催眠状态与睡眠状态的主要区别。

巴甫洛夫解释道：由于催眠只是不完全的、带有部分觉醒的睡眠，所以在催眠时，大脑皮层并不是处于完全的抑制状态，而一部分仍然在活动着和觉醒着，即所谓的"警戒点"。除了这一高度集中的警戒点以外，受术者的意识与外部环境是隔绝的，催眠师只有通过警戒点才能与受术者保持联系。这就是受术者与催眠师保持感应关系以及发生感应作用的生理基础。

七　涅甫斯基的研究

苏联生理学家涅甫斯基以正常人为被试，进行了催眠状态下大脑生物电活动的研究。结果发现：在催眠状态发生以前，被试者的脑电图为有规则的、低幅高频的 α 波与频率、波幅均正常的 β 波；当被试者进入浅度催眠状态并闭上眼睛以后，脑电图上出现了 α 波的均等状态，低振幅的 α 波增高，高振幅的则略为降低或不变，但大的波度则变平。这种在催眠时脑电活动的初期变化，我们称之为节律均等相。

随着催眠程度的加深，出现了以 α 波纺锤相为特点的脑电活动的较大变化。α波和β波的活动性被抑制了，α波成簇地呈纺锤形，开始密而高，然后疏而低。α波呈纺锤形出现持续0.5~1.5秒，并以节律抑制期交替着。这时受术者不能睁开眼睛和进行随意运动。另外，纺锤形α波的压抑和消失同时伴有β律的减弱，这些都表明催眠状态已达到较深的阶段。

由于催眠状态的继续深入，脑电活动愈益降低，α律消失，β律减弱，脑生物电曲线急剧降低，我们称之为最小电活动相。

随着脑电图的α律与β律的消失，在催眠的最深阶段，出现了频率为4~7赫兹的θ波。受术者在最小电活动相或θ波相中所引起的梦行性暗示体验，通常伴有部分的或完全的遗忘症。必须注意，在催眠状态的这一时期，言语暗示和直接刺激物引起了α律的恢复和加强。我们把这一情况估计为催眠的梦行阶段。在暗示和与之有关的梦行性体验消除以后几秒钟至几分钟，脑电图上重新出现脑电活动的降低。

当受术者恢复觉醒状态后，脑电图上原有的电波消失了，出现了和催眠前一样的α律和β律。

总之，通过脑电活动记录可以研究大脑皮质的机能状态。脑电波的变化，成为人是否处于催眠状态及其深度的客观指标。此外，在进入催眠状态时，大脑皮层中抑制的强度和广度反映在电振动频率和波幅的一定变化上，确立了一个重要的事实，即催眠状态中言语暗示的作用和催眠状态本身，在大脑皮层上引起了复杂的电生理的和生物化学的变化。

八　罗日诺夫的研究

罗日诺夫等人对在催眠过程中，受术者对言语刺激和对直接刺激的反应进行了比较研究。罗日诺夫发现存在两条规律：其一，随着催眠程度的加深，言语作用的生理影响增加了，直接刺激的效能降低了。其二，随着从较浅的催眠状态过渡到较深的催眠阶段，感应的选择性范围逐步缩小，受术者大脑中抑制过程的广度和强度逐步增加。具体实验结果如下。

第一条规律：在催眠的第一阶段，当大脑半球皮层的主要细胞群还保持着正常水平的兴奋性时，言语刺激在大多数情况下引起的反应要比直接刺激小。进入嗜睡状态后，对言语作用的反应，大致等同于或略大于对直接刺激的反应。在催眠的第二阶段，对言语作用反应量的增大是反常相次数增多的结果，这就为相当弱的言语刺激建立了良好的基础。在此阶段，言语刺激效能的增加是兴奋灶正诱导的结果。这个灶会引起来自半球皮层和邻近皮质下足够广泛而且较深的抑制点的感应现象。在催眠的第三阶段，当言语暗示对人的机体有强烈的影响时，言语刺激效应的增加达到了最高的程度。同时，这一阶段的特征是，进一步降低（在许多情况下达到零）了对直接条件刺激和无条件刺激的反应性。这些特点的生理基础，是弥散性的，几乎侵占了整个半球皮质并影响到大脑低级部位的抑制。这种抑制的强度，一直到使皮质和皮质下的某些部位产生完全的抑制。感应灶的兴奋会使感应灶周围被抑制过程包围的皮质细胞群产生强烈的负诱导。而抑制本身又由于来自深度抑制了的皮质的强烈正诱导的结果而增强了。罗日诺夫认为，由于感应灶的半球皮质与其他细胞群之间的强烈相互诱导的结果，引起了言语暗示效应的增强，正说明下面事实：直接刺激的符号——词，在催眠的第三阶段，引起了比这些刺激本身在觉醒状态下和催眠的第一阶段时更加强烈的反应。

第二条规律：随着催眠程度的加深，抑制的强度和广度逐渐增加。由此而带来的结果是，随着催眠状态的第一阶段向第二阶段过渡，第二阶段向第三阶段的过渡，感应选择性的范围按顺序缩小。

在催眠的第一阶段，受术者对催眠师的反应量与对不参与催眠的人的词的反应量没有多大差别。感应灶在这里还是十分广泛的。不仅如此，经常还可以看到这种现象，即受术者对来自催眠师以外的其他人言语暗示的反应量，超过对催眠师言语暗示的反应量。这是由于，当人们还处于基本觉醒状态时，对除催眠师以外的其他人的声音产生定向反射的缘故。

在催眠的第二阶段，抑制广度的增加导致感应灶范围的缩小。这在实验研究中具体表现为，在协调减退的阶段中，对催眠师言语的反应量，在大多数情况下，超过了对不参与催眠的人的言语的反应量。感应选择性的增加在这里也为受术者的口头报告资料所证实。

在催眠的第三阶段，感应选择性大大缩小，这是由于在此阶段，强烈的抑制过程笼罩着半球皮质大多数细胞群的结果。在深度抑制的皮质神经细胞的一段基础上，感应灶依旧好像是孤立的。对来自催眠师的言语暗示的反应，在这里表现得异常强烈，而对其他人的言语暗示的反应，在大多数情况下几乎不复存在。不过，在研究中也曾发现，即使是在催眠的第三阶段，感应的选择性也不是绝对严格的。在这一阶段，有时也可以看到受术者对催眠师以外的其他人的言语暗示产生反应。虽然这种反应不太常见，而且按其方向和形式来说也不太明显，但它毕竟还是存在的。

九　我们对催眠现象的理解

尽管催眠现象有其一定的生理基础，同时，也应该深入研究这种现象的物质基础，以利于揭开催眠现象的奥秘。但是，催眠现象毕竟是一种心理现象，故而在探讨这种现象的基本原理时，当然必须从心理学的角度去研究。到目前为止，对催眠现象原理的解释并不是令人满意的。即使如此，我们仍试图努力地去做些尝试，希望能在前人的基础上，对催眠现象作出更进一步的解释。很可能我们对催眠现象的基本原理的解释仍然是肤浅的，但我们相信，我们的努力一定会有益于对催眠现象的进一步探索。

（一）暗示是催眠现象的心理机制

自从法国的"南希学派"提出了"暗示感应说"以来，尽管医学界或心理学界的学者们从不同的角度对催眠进行了大量研究，但绝大部分学者都承认，暗示是催眠现象的关键所在。我们认为，前人的这种解释是有道理的。我们的实践经验也证实了这种解释的正确性。事实上，正是借助了暗示的力量，催眠师才能将受术者引入催眠状态，进而开展治疗疾病和开发潜能的工作。因此，我们认为，暗示是催眠现象的心理机制。为了使读者对这一问题有更深入的了解，我们将对暗示以及暗示与催眠的关系做一些介绍。

1. 受暗示性是人类自身普遍具有的一种心理属性

人类的这种属性是与生俱来的。学者们认为，人类心理世界之所以如此丰富多彩、光怪陆离，部分原因可归之于人类的这种接受暗示的能力。这种能力与人类的智力及想象力密切相关，并主要以第二信号系统为其客观基础。一方面，人类普遍具有接受暗示的能力；另一方面，世界上也存在着无数对人类构成暗示的不同刺激物。我国学者霜凫指出："颜色、语言、声音、嗅味都可以对我们构成某种暗示，形成某种观念，转化为一定的行动或产生某种效果。我们的心理就是受到这种暗示的刺激转化为能动的物质。这就是我们的可暗示性。"对于这种"可暗示性"，"南希学派"的倡导者贝恩海姆教授把它定义为：

"是大脑接受并唤起观念的能力，它使这种观念倾向于实现，使之化为行动。"并称之为观念的动力学的规律。洛扎诺夫则说："这是人类个体之中一种普通的品质，由于它，才使人和环境的无意识关系发生作用。"

生活中的许多实例都有力地证明了这一点。国外曾有过这样的报道：有一个人，被误关进冷藏车里，冷气并没有开放，但他却被活活地"冻死"了。这显然是暗示的强大力量击溃了他的生物保护机制，造成了他的猝死。

藤本上雄先生所著的《催眠术》一书中还记载了这么一件趣事：他的一个同学，有一年开车去瑞士旅行，车行至山中时感到口渴难耐，就在路边秀丽而清澈见底的湖中用手捧水喝。喝完水后，偶然一看，在告示牌上用法语写着什么。他不懂法语，但看到上面写的词中有一个词为 poisson，与英文中的词 poison（毒）很相似，他就以为这个告示牌上一定是写着"此湖水有毒，不能饮用"的字样。于是心情骤然变坏，整个人都觉得不对劲，头晕眼花，脸色苍白，直冒冷汗，呕吐不已。好不容易来到了附近的一家旅馆。他立即恳求旅馆老板去请医生，并向他叙述了喝过附近湖水的事。老板听了这番话，哈哈大笑起来，说那是不准捕鱼的告示，法文中的 poisson 一词是"鱼"，比英语的"毒"（poison）一词多一个 S。听完老板的说明，他的"病"马上就好了。

社会心理学中的从众实验研究也表明，人在暗示的作用下，竟会不相信自己的眼睛，而与他人保持一致。接受别人的劝说，赞同他人的演说观念，往往也不是纯粹的认知因素，即理性在起作用，而是由暗示打动情感，由情感影响认知的缘故。观赏艺术作品所产生的爱与恨，更是通过非理性知觉通道而实现的。可见，暗示是普遍存在和行之有效的。正是由于暗示的普遍性和有效性，催眠术才有了产生的可能。

这里还需说明的是，人类的这种受暗示性并不是消极被动的。换言之，并不是那些构成暗示的刺激对人产生暗示效应，只有在个体主动接受的条件下，暗示才能产生作用。所以，有人认为，暗示的本质是自我暗示，甚至有些学者宣称：暗示是没有的，有的只是自我暗示。细加分析，此言不无道理。从事催眠术实践的人都有这样的体会：那些身患疾病、求医心切的人，较之那些想体验一下催眠状态的人，更易接受暗示和进入催眠状态。

一方面，人类天然具有可暗示性；另一方面，人们也经常有主动接受暗示的心向。于是，在此基础上，催眠术的效应作用便应运而生，催眠现象便由此而出现。

2. 整个催眠过程与暗示的规律之间具有高度的吻合性

只要催眠师严格遵照暗示的规律，催眠就能取得成功；否则就会招致失败。那么，暗示有哪些规律呢？下面我们给大家介绍一些有关暗示的基本知识。

（1）暗示的定义

所谓暗示，即指用含蓄的、间接的方法，对人的心理状态产生直接而迅速影响的过程。这种影响是深刻而有效的。

（2）暗示的种类

暗示的种类均系人为划分，一般可分为直接暗示与间接暗示；无意暗示与有意暗示；他人暗示与自我暗示；言语暗示与非言语暗示；等等。

（3）暗示的特点

暗示的特点很多，主要可归纳如下。

特点之一：暗示的双重加工性。最佳暗示效果的获得，往往是在双重加工的基础上实现的。一方面，暗示刺激经由理性知觉通道，将符合实际情况以及个人的价值、个性、伦理的信息纳入知觉范围，从而引进受术者心悦诚服的实际体验。如，催眠师将手置于受术者头顶，同时暗示他（她）：现在你的头顶感到微微发热。这是一个真实的情况，受术者势必会产生相应的体验。另一方面，暗示刺激也可通过非理性知觉通道的情感渗透去建立心理共鸣的感应关系。特别是广泛采用非言语的操纵功能来扩展这种效果。譬如，用肯定句以增强自信；用附加疑问句如"你感到很舒服，一定是的，是不是？"给受术者温情、敏感的体验；采用鼓励性的评价以促成良好的合作，如催眠过程中夸奖受术者的领悟力强、体验正确等等。这种情感的渗透性达到最佳状态时，可产生强烈的移情作用，即视催眠师如亲人，对其格外信赖而钝化了自身的意识。总之，这种双重加工的配合默契，可产生最佳暗示效果。

特点之二：暗示的直接渗透性。一旦催眠师的意志战胜了受术者的意志，受术者的反暗示防线被突破，暗示刺激便能直接渗透到受术者的潜意识中。这种渗透似乎是自动产生的，其实现过程极为迅速、灵活、明确，充分体现了活动的"经济性"。

特点之三：暗示效果的累加性。暗示是一种能力，经由训练而敏感化。因此，多次接受催眠术，会使受暗示刺激发生作用的时间缩短，影响加深，效果累进。个人的受暗示性由于不断地接受暗示的实践活动而得到提高，因而对某种暗示的反应越来越敏感。于是，使得暗示的效果具有累加的特性。

特点之四：暗示的从众性。人类具有受社会影响而采取与他人保持一致的基本心向。这种从众性在暗示中同样存在并且更加明显。具有惊人效果的集体快速催眠，原因就在于他人进入催眠状态足以刺激自己的可暗示性。这对于个性中缺乏独立性，而智能平常的人更是如此。

特点之五：受暗示的差异性。虽然人类普遍具有受暗示性的本能，但这种本能呈现出巨大的个体差异性。据统计，经暗示而能进入深度催眠的人不足 30%，另有 15% 的人几乎无法进入催眠状态。在性别上，女性比男性更易接受催眠暗示，这无疑是女性依赖性较强、缺乏自信所致。在年龄上，7~14 岁的人最易接受催眠暗示，而成人则较难进入，老年人几乎无法进入。

（4）暗示的生理表现

当个人接受暗示的程度达到最大时，逻辑意识和批判意识的最高机构——大脑皮层基本处于抑制状态，仅剩下某个"警戒点"的部位尚保持兴奋性。处于这种状态下，个人的大脑生物电活动呈 4~7 赫兹的 θ 波，当"警戒点"活动时，又出现高频的 α 波。

（5）暗示的条件

暗示之所以产生效果，应具备以下起码的条件：被暗示者注意力高度集中于某一明确的对象；催眠师（或施行暗示者）应具有一定的权威性，该权威性的程度与暗示的效果成正比；催眠师（或施行暗示者）要以温和、含蓄、间接而又坚定的言语与手势等来实施暗示；在被暗示者与施行暗示者之间应具有一个融洽、轻松的心理氛围。

（6）暗示的障碍

人类具有本能的受暗示性，同时也具有普遍的反暗示性。这种反暗示性可能来源于自我保护的本能、自由的意识、个人的习惯、个性特征以及各种理性的思考等。主要表现为个体对暗示刺激具有认知防线、情感防线与伦理防线。暗示能否奏效，取决于能否克服这些防线的阻碍。克服的办法不是强行突破，而是与之取得协调。

3. 催眠过程是受暗示性与反暗示性能量对比的过程

要使受术者进入具有高度受暗示性的催眠状态，需要催眠师有极大的耐心和坚强的意志，以此促成受术者受暗示性的开放与增加，并借助这股力量克服其反暗示性。这种较量的形式是温和的，但实质上却是异常激烈的。在催眠过程中，催眠师始终要以坚定有力的肯定句和语调进行反复暗示，同时不间断地要求受术者放松，即使一时不能进入催眠状态，也决不气馁后退。一旦催眠师与受术者进入心理极度相容状态，一旦催眠师的意志战胜了受术者的意志，那么就意味着受暗示性与反暗示性的能量对比发生了倾斜，受暗示性占了上风。此刻，受术者的意识场显著缩减，对外界毫无知觉，表情呆滞，只是与催眠师保持着牢固的、建筑在心理共鸣基础上的感应关系。受术者将无条件地接受催眠师的任何指令，这样，就很容易进入较深的催眠状态。

4. 暗示贯穿催眠活动的全过程

不仅由觉醒状态导入催眠状态要依靠暗示的力量，而且从深度的催眠状态迅速恢复到清醒状态同样是暗示的效应作用。通常，催眠的觉醒方法是这样实施的：催眠师对受术者说："你已经历了一次成功的催眠，一次有效的治疗，醒来以后，你一定感到很愉快……""现在我要把你叫醒，马上我就数数字，从一数到三，当数到'三'时，你就会突然醒来。"在给予明确的指令，并反复暗示以后，受术者会突然醒来。这个过程，显然也是借助暗示的力量。

综上所述，可以认为催眠现象本来就是由暗示造成的，当受术者一旦进入催眠状态时，又非常容易接受暗示。从某种意义上说，催眠术就是施行暗示的技术，没有暗示，就没有所谓的催眠！由此看来，催眠现象并不是一种完全神秘莫测的现象，催眠术也不是一种不可捉摸的巫术。从暗示这一催眠的心理机制入手，可以使我们对催眠现象有一定程度的了解。当然，迄今为止，对催眠现象的科学研究还是很不充分的，其中的奥秘还远未被揭示出来，在许多方面还停留在经验阶段。所以，要想使催眠成功，催眠师还必须善于观察受术者每一时刻的心理表现，并迅速作出反应。在对受术者实施暗示的过程中，既不超前也不滞后。在施行催眠的任一时刻，指导语的选择、节奏的轻重也很重要。所有这些，只有在大量临床实践的基础上才能应付自如。

（二）第三意识——催眠时的意识状态

美国心理学家詹姆斯有句名言："意识是个斩不断的流。"意识活动具有连续性的特征。在这连续体的一端是意识状态，另一端是无意状态。那么，意识仅此两种状态吗？要回答这一问题，需对意识与无意识的概念作一番考察，看其内涵、外延是否能够相符，能否解释所有的心理现象。

所谓意识，一般是指自觉的心理活动，人对客观现实的自觉反映就是有意识的反映。人的意识是以具有第二信号系统为特征的，它是中枢神经高度发展的表现。可见，自觉性、能动性、目的性是意识的典型特征。学者们还认为，意识具有两大功能，即意识是主体对客体的一种自觉、整合的认识功能；同时也是主体对客体的一种随意的体验和意识活动的功能。

所谓无意识，通常指不知不觉没有意识到的心理活动，它同第二信号系统没有联系，不能用语言表述。无意识具有两大功能，即无意识是主体对客体一种不知不觉的认识功能；同时也是主体对客体一种不知不觉的内心体验功能（需要注意的是，这里所说的无意识概念有别于精神分析学派中特定的"无意识"或"潜意识"的概念）。

如前所述，催眠状态中人们所具有的心理状态，既不是清醒时的意识状态，也不是睡眠时的无意识状态，而是一种特殊的、变更了的意识状态。对这种意识状态，我们暂且称为"第三意识状态"。

为什么说催眠状态中的意识不同于清醒状态中的意识呢？前面已经说过，清醒时的意识状态，其典型特征是自觉性、能动性以及有目的性，而在催眠状态中，尤其是在深度催眠状态中，这些特征几乎荡然无存。一位受术者在被催眠后深有体会地说："我好像是一个机器人，被催眠师用遥控器（催眠术）在控制着。我无条件地服从他的一切指令，进行他要我做的一切行为动作。"尽管动作是由行为者自己做出来的，但犹如牵线木偶，缺乏自觉能动性，并且被催眠后对自己的所作所为一无所知。一言以蔽之，所有的活动都缺乏"有意识性"。关于催眠条件下人的意识不同于清醒时的意识，这是绝大多数心理学家所公认的，这里就不多说了。

催眠与睡眠也不同，这在本书第一章已有论述。事实上，催眠状态中的意识也不是处于无意识状态。这是因为：

首先，在催眠状态中，虽然受术者主动地发起和终止的自觉能动性的活动消失，但经催眠师的暗示，仍可产生一些具有自觉能动性性质的活动，纵然已失去了意识的批判与监察。例如：根据催眠师的指令，受术者可以流畅地遣词造句，有条有理地说出心中的喜悦与烦忧；与催眠师的对话也完全符合逻辑规则和语法规则。而在典型的无意识状态中，根本没有第二信号系统的参与，更不会有完整的、合乎逻辑的言语活动。

其次，催眠的临床实践表明，倘若催眠师的指令严重有悖于受术者的人格特征、道德行为规范，或者触动了受术者最为敏感的压抑、禁忌时，便会使受术者感到焦灼不安，甚至发怒、反抗。例如，苏联的一位催眠师曾下指令要求受术者去偷别人的钱包，却遇到一直顺从的受术者的拒绝。催眠师反复命令，反倒使受术者"惊醒"。又如，日本的一位催眠师应几位大学生的要求表演催眠术。他使一位大学生进入催眠状态，暗示这位大学生做的几件事都很顺利。后来有人建议让这位大学生脱下裤子，于是催眠师发出了脱裤子的指令，但受术者没有完全按这个指令去做，只是解下腰带便停止行动。催眠师再次指令"快脱"，结果这位大学生却脱下了上衣，终究没有脱裤子。

所有这些都表明，在催眠状态中，受术者仍有一个警觉系统存在着。这一警觉系统一般不起作用，只是一旦来自外部的指令严重违背了受术者的伦理道德观，该系统便立即启动，产生抗拒暗示的效应作用。这表明，在催眠状态中，人并不是完全无意识的。与此相比较，典型的无意识状态——梦境中可能会出现种种荒唐的行为，例如杀人、打架、婚外性行为等等，尽管违反了伦理道德，但不一定会惊醒，更不会有心理上的反抗。这是因为，它不存在这一与清醒意识有联系的警觉系统，只是处于一种具有适应性意义的麻木状态，即"相当于所经验到的意象冲动可以到达肌肉，但抑制信号阻止肌肉作出反应（要不然，对于做梦的本人和周围的人来说，夜间世界将是一个相当危险的地方）"。

综上所述，我们可以确认，催眠状态中人所处的是一种特殊的意识状态。这种状态既有清醒意识的特征，也有无意识的特征，却不是它们二者中的任何一个。具体地说，在催眠状态中，受术者在宏观上是无意识的（缺乏自觉能动性，意识批判性极度下降）；在微观上却是有意识的（语言能力及警觉系统的存在等等）。因此，在意识的连续体上，它处于中间的位置。它兼有二者的成分，但又不是二者的简单相加，更不是只有依托二者才能生存。它有自身的特殊性质，也有其独特的机制，完全可以把它独立出来，而成为科学研究的对象。

这种被称为"第三意识"的状态，有一系列独特的表现，这些表现有如下特点。

1. 新型的身心关系

在第三意识状态中，通过心理暗示的作用，可使生理发生一系列变化。这些变化使人体能焕发出平时不可能产生的巨大能量以及各种生理反应。例如，在本书第一章中所述的"躯体强直""白水变甜"以及"无痛拔牙"等都是生动的例证。这样的身心关系是通常的理论或常识所无法解释的。对它的研究，不仅有助于了解人的潜能、开发人的潜能，而且在深化、拓展心理学的基本原理，直至丰富哲学认识论的内容等方面，也将提供有益的启示，作出特殊的贡献。

2. 意识与无意识的相互转换

按照心理活动的清醒程度进行分类，可将无意识、潜意识与意识看作一个连续体。在这个连续体上存在着某一个界限，将意识、无意识、潜意识分开。而在第三意识状态则打破了这一界限，受术者的心理活动可按催眠师的指令在此连续体上自由运行。在催眠状态中，外部刺激可直接进入潜意识而不存在任何障碍。同时，外部刺激还可以在催眠师规定的时间或情境中毫无困难地进入意识状态。此外，多次催眠中暗示治疗的逐渐积累，使该暗示的清醒度提高，最后突破界限，进入意识状态，从而达到良好的治疗效果。

3. 感受性的极度提高与特异化

在第三意识状态中，对刺激的感受能力发生了变化。其表现为，受术者仅能接受催眠师的指令，而对其他人模仿催眠师的声音或对催眠师本人的录音都置之不理。更富有实际意义的是：笔者曾对深圳大学一位近视达 400 度的女生实施催眠术，当她进入中度催眠状态后，令其摘下眼镜，并暗示一定能看到一米之外的书上的英文字母，结果她居然毫不费劲地正确朗读出书上的英文单词。

总之，第三意识状态的存在及其特征值得科学家们重视并认真探讨。对其中奥秘的探索，具有重要的理论意义与应用价值。

第四章 催眠施术的条件

有人声称，他可以在任何时间、任何地点对任何人实施催眠术，且均无败绩。无论如何，这种说法的可信性都需要存疑。世界上是没有什么事情是无条件的，以人为活动对象的事情对条件的要求就更为苛刻。因此，我们的观点是：并不是任何施术者在任何条件下都能对任何受术者实施催眠术。换言之，实施催眠术是有条件的。总括起来说，这些条件包括四个方面：环境；气氛；受术者；催眠师。

我们无法分辨这四者当中哪一个更重要。长期以来的催眠实践活动表明，这四者当中的任何一个因素有所缺失或疏漏，催眠施术都难以取得成功。由于催眠师的特殊重要性以及还有一些内容与本主题没有直接关系，我们将对"催眠师"予以专章讨论。下面，我们将就与催眠施术相关的其他三项条件分别加以论述。

一　环境

这里所说的环境包括自然环境和人的环境。这二者对于催眠施术来讲同样重要。

（一）自然环境

实施催眠术时对环境的要求相对"苛刻"。也许你会看到在人声鼎沸、刺激众多的会堂里、舞台上，催眠师照样可以进行催眠表演，而且很成功。其实，那些受术者已经是久经催眠、极易进入催眠状态的人了。而在一般的实际运用中，尤其是首次做催眠的人，在那样环境下是很难进入催眠状态的，除非少数暗示感受性极高的人。

具体说来，对环境的要求有这么几条需要特别重视。

催眠室的布置要简洁，尽可能减少无关刺激物。实施催眠的最基本也是最重要的条件是受术者注意力的高度集中，换言之，受术者要将注意力高度集中并贯注于催眠师所指定的对象，方能进入催眠状态。人类注意的规律在心理学中已得到充分揭示：那些新颖的、变化的、相对强度较大的刺激物能够吸引人们的无意注意，这是自然生成的现象，对任何人来说都是如此。由此可知，多余的无关刺激物若是比较新异、有变化、相对强度又比较大的，就容易分散受术者的注意，使得受术者难以进入催眠状态。一般说来，要求催眠室中只放置一张床，一两把椅子，一张桌子，一只花瓶，如此就足够了。此外，墙上最好不要有任何装饰物。

催眠室里的光线也不宜太亮，昏暗的光线对于诱导受术者进入催眠状态最为有利。如果是白天施术的话，要拉上窗帘，从而使得室内的光线暗淡柔和；如果是在晚上施术，最好用绿色或蓝色的灯，因为绿色或蓝色会给人带来宁静、舒适、安详的感觉，有利于暗示诱导的顺利进行。而红色、黄色和橘黄色则显得刺激量过大，会使人情绪激动不安、焦躁不已，不利于进行暗示诱导。

室内的温度要适宜。催眠室内的温度如若过冷、过热，都会使人的注意转移，发生分心现象。我们曾对一受术者实施催眠术，久久没能使之进入催眠状态。后来受术者报告说，感到太冷，无法将注意力集中到暗示语的诱导上去。后来改变环境条件，才见到效果。此外，也不要突然开动空调或电扇，这个突然的温差刺激（包括响声）可能会使已经进入催眠状态或将要进入催眠状态的受术者清醒过来。

声音对催眠的效果也是有影响的。一般说来，催眠室以安静为宜，在门上应挂上"请勿敲门、多谢合作"的牌子。当然，这也不是绝对的，有的声音还可能起到加强催眠效果的作用。例如，电动机的转动声，节拍器的声音等等，都可以起到辅助催眠的作用。究其原因，是单调、重复的刺激有利于大脑皮层进入抑制状态。但是，如果这些声音是突然的、断续的、无规律的，那只能起到相反的作用了。

空气以清新洁净为宜。如果空气过于混浊、潮湿或是干燥，都会令受术者产生不愉快的感觉，无法进入专注的状态，从而使催眠施术的效果受到影响。如果连日阴雨或在梅雨季节，或是室内有许多人吸烟而使空气不清新，应当打开窗户使空气流通，然后再进入施术阶段。

（二）人的环境

相对于自然环境或人工自然环境，人的环境有时显得更为重要。所以，催眠室里，应谢绝一切闲杂人员。对于初次接受催眠术的人来说，最好不要有什么参观人员，即使是受术者的家属也不要在里面。在西方和日本，催眠室里都是催眠师与受术者一对一。考虑到中国的实际情况，以有一助手在催眠室里为好。其原因是，有第三人在场可消除受术者（尤其是异性受术者）的紧张心理。另外，由于催眠术在中国还远远没有普及，有第三人在场，可以避免一些不必要的麻烦。

为什么在催眠室里的人要少，而且家属一般谢绝入内？有位富有经验的催眠大师对此有精辟的见解。他认为，催眠术主要是用于治疗一些心理疾病的。而心理疾病的一些致病或诱发的因素很大一部分是来自人际关系问题。并且很大的可能是来自与之有密切关系的家庭成员。如果这样的话，家人的在场会使受术者感到疑虑重重，戒备心理油然而生，有意无意地保持高度的警戒水平，生怕在催眠状态中说出一些隐藏很深的（很可能就是致病原因）话，在这种状态下，要想把受术者导入催眠状态几乎是不可能的事。

有时，因某种需要，会有一些参观或实习人员在场。在这种情况下，一是要向受术者作出说明，征得他（她）的同意与理解。二是要对参观或实习人员提出要求，严格禁止他们交头接耳，窃窃私语。否则，无论是对受术者还是施术者，都是一种极大的干扰。

二 气氛

这里所言及的气氛是指催眠师与受术者之间的心理气氛。在心理学家看来，只有在融洽的心理气氛中，交往的双方才能达到高度心理相容的境界。在高度心理相容的境界中，即使是从逻辑上来分析是无法接受的观念也能欣然接受。请注意：催眠暗示正是通过非理性知觉通道打动人的全身心的。由此可知，融洽的心理气氛在催眠施术过程中占有何等重要的地位。而建立融洽的心理气氛便自然成为催眠施术的必要基础条件了。在明确了心理气氛的重要性以后，接踵而来的问题是如何创设良好心理气氛的问题。我们以为，应从以下几个方面着手。

其一，一般说来，在受术者尚对催眠术有较深的疑虑、紧张、害怕心理时，最好不要对他们施术，也不要过分热情地劝导他们接受催眠治疗。尽管催眠师们在实践活动中创造出了"怀疑者催眠法""反抗者催眠法"，而那是在不得已的情况下采用的方法。一言以蔽之，催眠师必须得到受术者的协助，努力与受术者建立默契关系、感应关系。经验老到的催眠师都非常重视这一点。倒是那些不够成熟的催眠初学者往往自恃自己有什么"高招""绝技"，认为无论在什么情况下，都能一举成功。事实上，这往往正是他们失败的根源。

其二，催眠师要与受术者建立起恰当的人际关系。有人说，在对他人进行催眠时，本身技巧的作用约占 40%，而具有融洽的气氛和建立恰当人际关系的作用约占 60%。我们认为，这样的比例划分并不夸张。

那么，什么叫恰当的人际关系呢？在我们看来，催眠师应与受术者建立起"亲密有间"的人际关系。这就是，既要亲密，使得受术者放下包袱，打消顾虑，心理上不紧张，从而达到使其易于接受暗示的目的；又要"有间"，即有距离感。为什么要有那么一点距离感呢？这同样也是为了提高暗示的效果。实践证明，催眠师对于非常熟悉的人、关系特别好的人往往很难成功地施术。这是由于过于熟悉且关系亲密到失去了权威性和神秘感的程度，而权威性和神秘感对于施术成功则相当重要。有时，很熟悉的人主观上也相当配合催眠师，但潜意识中的"抵抗"却很难抹去。因此，从催眠施术的效果出发，催眠师与受术者应建立"亲密有间"式的恰当的人际关系。

其三，要激发受术者的动机。所谓动机是一种由需要推动的达到一定目标的行为动力，是驱使人们行动的内部动因。动机具有三大功能：发动功能——唤起个体的行为；指向功能——引导行为朝向一定的目标；激励功能——维持、增强或减弱行为的强度。由此可见，若受术者缺乏接受催眠术的动机，融洽的心理气氛是很难建立起来的。也就是说，如果受术者没有认识到自己接受催眠的必要性，如果他们只是抱着试试玩的态度，或者说受术者在事前毫无心理准备，那么，无论催眠师的技巧有多高明，也很难产生催眠施术所必需的心理气氛，也就很难成功地施术。然而，中国有句古话，叫做"物极必反"，倘若受术者的动机强度过高，急于想配合催眠师使自己进入催眠状态，同样也难于使催眠施术成功。这是由于，过高的动机状态，使得受术者唤起过多的心理能量，从而干扰了正常的认知加工，以及心理紧张度过高，这也会妨碍催眠施术的正常进行。有鉴于此，催眠师应注意在激励受术者受术动机的同时，又要让受术者持有自然、轻松的态度，唯此，才能创设出良好的心理氛围。

再有一点，要尽量消除受术者的紧张感与不安感。平心而论，当受术者第一次接受催眠术时，或多或少地要有这样或那样的顾虑。这是由于对将要发生的事情一无所知、无法预期而产生的不安感。在这种紧张感与不安感的制约下，全身肌肉紧张，生理上、心理上都很不放松。不言而喻，在这种情况下，良好心理氛围的出现是不可能的。当发生这种情况时，应让受术者反复进行腹式呼吸，同时予以正面暗示。一般说来，这么做了以后，受术者的紧张感与不安感都会有不同程度的缓解或趋于消失。

其四，促使双方心灵的沟通。催眠施术能否成功，说到底是看双方的感应关系是否能建立。可以断言，一旦双方建立了感应关系，也就意味着催眠施术已经成功了一半。很清楚，感应关系的建立有赖于双方心灵的沟通。通常的模式是：由沟通而产生信赖感，由信赖感而导致融洽的心理气氛，由融洽的心理气氛而引出双方的感应关系。所以，双方心灵的沟通显得特别重要。催眠师应竭力使受术者确立一个观念，即催眠师是为了我的身心健康而对我实施催眠术的，我应该安心地接受他的治疗，积极地和他配合。自然，这种沟通的出现，是经由双方长时间的面谈以及一系列其他术前暗示手段的实施而产生的。

其五，催眠师要听取、尊重对方的意见。人们在生活、工作、学习中势必积累了许多经验，这当然是一件好事，它能使人们在日后遇到类似的情况时驾轻就熟、应付裕如。然而，任何事情都有正反两个方面。那种由经验所派生的定势有时会起到消极的作用。所谓定势，即指心理活动的一种准备状态。它趋向于使人们看到所想看到的东西，对表面上相似但实质却不同的情况作出同样的判断，从而将自己的思路引入歧途。作为催眠师，对此应有足够的警惕。

在催眠施术前受术者对自己症状的主述中，以及在一次施术后受术者在谈及自己的感受、体验时，催眠师既要有分析、有鉴别地接受，又要认真听取受术者的描述，并予以高度的尊重，切不可自恃经验丰富、技法超人而主观武断，强迫受术者接受自己的观点、看法。唯此，双方融洽的心理气氛才有可能出现。

三 受术者

并不是所有的人都能接受催眠术，也不是所有接受催眠术的人都能进入很深的催眠状态。催眠施术能否顺利进行，能否取得预期的效果，在更大程度上还不是取决于催眠师的技能，而是取决于受术者本身。在吴承红、郜启扬的一项研究中表明：在75例自愿接受催眠疗法的受术者当中，有10人无法进入催眠状态；有14人进入浅催眠状态；有30人进入中度催眠状态；有21人进入深度催眠状态。这表明，在能否接受催眠术的问题上，存在很大的个体差异。换言之，对于催眠施术而言，受术者也得符合一定的条件。

（一）受术者的年龄、性别特点

不同年龄、性别的人对催眠术的接受程度是不一样的。一般说来，年龄过大过小的人接受催眠施术的难度较大。这是因为，年龄过大的人注意力难以集中，年龄过小的人由于理解力的问题，也不能很好地接受来自催眠师的种种暗示。对催眠感受性最高是12~15岁的少年。

就性别而言，女性的催眠感受性明显高于男性。这是因为，男性好动，女性好静；男性独立性高，女性独立性低；男性受暗示性低，女性受暗示性高。

（二）受术者的智力与人格特点

不少人认为，聪明的人不易被人操纵；笨一点的人容易被人摆弄。因此，智力愈高，愈是不容易被催眠。这是一种误解，真实的情况正好与之相反。我们业已知晓：催眠是通过暗示而起作用的。暗示能取得效果的先决条件是受术者充分理解该暗示语的内涵。可以这么说，受术者对暗示语理解得愈深、愈透，暗示的效果则愈好；反之亦然。所以，受术者要具备一定的智力水平、知识水平和理解水平。那些智力过于低下、迟钝的人，无法接受催眠术。因为，他们既不能很好地理解暗示语，也不能长时间地、有意识地集中注意力于某一观念或客体。所以，催眠术对这些人不起作用。

一个人的人格特征也影响到催眠施术的效果。心态阳光的人，情绪稳定的人，人格健全的人，有合作精神与合作态度的人，较易进入催眠状态；反之，难度系数则增大。

（三）受术者的身体状况

受术者的身体状况也会影响到催眠施术的效果。一般说来，受术者出现下述身体状态则不宜立即进行催眠施术。

受术者发高烧。

受术者的胃肠系统不适，如过饥过饱（通常认为在饭后一小时进行催眠施术效果最好）；有腹痛、腹泻现象。

刚刚饮用了刺激性饮料，如酒、咖啡、浓茶等。

患有瘙痒性皮肤病。

有外伤或其他疾病造成疼痛，并处于最难受的时段。

受术者感到过冷或过热。

受术者的身体方面若有以上情况，除非有特殊的需要，一般不宜立即实施催眠术。因为此时的受术者注意力很难集中，这样或那样的内外刺激将使之发生分心现象。

（四）受术者的精神状态

那些对催眠术不甚了解的人们总以为在受术者将要睡觉之际实施催眠术效果最好。其实，情况恰恰相反，在受术者疲劳欲睡之际最不宜，也最不易实施催眠术。究其原因，此时的受术者或因过分疲劳而进入正常睡眠状态，或因过度疲劳而注意力涣散。所以在这两种情况下，催眠施术都很困难。而当受术者精神饱满之际，注意力最容易集中，易于接受催眠暗示。

（五）受术者对催眠术的信念

"心诚则灵"常被人理解为是唯心主义的一种表现。其实，对于以心理暗示为机制的催眠术来说，成功的一半是来自受术者的"心诚"——怀有一个正确的信念，催眠术是有益无害的，催眠术能帮助自己解除心理上的疾患。有人认为，催眠实质上是自我催眠，是自己把自己导入催眠状态。从某种意义上来说，这句话正确无误。因为，它道出了一条真谛——若无受术者坚定正确的信念，催眠师很难将受术者导入催眠状态。事实上，在催眠过程中最大的障碍——受术者的紧张与不安，是受术者缺乏对催眠术的正确信念而引起的。

台湾催眠大师徐鼎铭先生在其所著《催眠秘笈》一书中指出，心理上具有"五心"的人，不宜对之施行催眠术。这"五心"分别如下。

反抗心。一旦具有反抗或排斥催眠的心理，自然感受性低。其中包括不相信或根本否认催眠术，或怀疑催眠者的能力，故意前来试验者。有的是不相信自己会被催眠，执意持反抗意志，以与催眠者斗斗看谁更厉害者。由于心理上已持不相信态度，所以很难催眠。

好奇心。有些人不知催眠的方法及感应程度，出于好奇心，以治疗或参观的名义，存心前来试验，因此感受性低。如果催眠师看不到这一点，即对其进行催眠施术，失败的可能性就大得多。

恐怖心。有些人由于缺乏对催眠术的科学认识，受到种种不实流言的影响，而产生恐怖心。他们担心接受催眠术以后会缩短寿命、精神错乱甚至一直不醒而导致死亡。还有人认为在催眠中会说出自己许多不可告人的秘密，或导致种种奇怪的疾病发生。怀有这种恐怖心，时时对催眠师与催眠过程作提防，催眠的效果当然就不会好。遇到这种情况，应先告诉受术者，催眠术是没有危害的，必要时还可让他们参观一下催眠过程，听听其他受术者对催眠的感受。

批评心与研究心。这种心态基本上与反抗心相似，受术者是以存心批判与研究的想法而来的，因此难免有诸多挑剔。这不仅会影响施术者的心情，更会动摇受术者的信念而致功败垂成。

虚伪心。怀有虚伪心的人，看似迎合施术者，其实反给催眠施术带来很大困难，因为它使催眠师得不到正确的反馈信息。对这种人的催眠效果也不好。

（六）受术者的受暗示性能力

我们已经知道，在正式进行催眠施术前，催眠师都要对受术者的受暗示性作一番测量。这一必经的程序本身就透露出一条消息，受术者的受暗示性能力直接影响到催眠施术的效果。据国外的一项统计数据表明，大约有 5% 的人根本无法进入催眠状态，哪怕是浅度催眠状态。在这一群体当中，很大一部分人就是受暗示性极低的人。

（七）催眠过程中的受术者

作为催眠施术的对象——受术者，在催眠过程中必有种种心态与表现。这些心态与表现有些会促进催眠施术的顺利进行，有些则妨碍催眠施术获取良好的效果。因此，这些心态与表现很值得催眠师与受术者的高度重视。

在准备阶段，受术者常因自己即将陷入全无知觉的催眠状态而感到不同程度的紧张与不安，由此而产生一些抗拒反应。这些反应又常以抱怨客观条件，如周围环境不安静，椅子太高、太硬，自己身体上有所不适等反映出来。其目的是想逃避或延缓接受催眠术。此时，催眠师针对问题之所在，一方面，尽量满足受术者的要求；另一方面，应着重在以各种方式消除受术者的紧张与不安感上下功夫。

另一种情况是受术者采取较催眠师更为"激进"的态度，根据自己对催眠术的一鳞半爪的知识，主张采用某种方法，或者抱怨催眠师所采用的方法不当，应当如何如何等。对于受术者所提的方法，催眠师不妨考虑其可行性，同时也要婉言指出其所提的方法有哪些是不符合催眠术规律或不切实际的。总之，催眠师应努力建立起一种以催眠师为主导的合作关系，而受术者本身也应充分意识到这一点。唯此，催眠施术才能顺利进行。

此外，受术者有时也会一味依靠催眠师，主观上不作任何努力与配合。这种态度同样也是不可取的。

在导入阶段，受术者每每会产生防御与警戒心理。即不是以全部注意力集中于催眠师所作的暗示诱导上，而是以监视的态度暗暗观察催眠师以何种表情、何种态度、什么样的方法、什么样的暗示语来诱导自己进入催眠状态。如前所述，更有一些人（特别是在表演性的催眠中）故意不接受或违背催眠师的暗示诱导，想以此来试试催眠师到底有多大能耐。还有一些人，在施术开始之时表现出各种强烈的抗拒行为，然而在某一暗示反应生成之后，则呈完全的被动、消极状态，无论催眠师做什么样的暗示，均无反应。应当说，上述受术者的心态与行为表现均不利于催眠施术的正常进行。

面对受术者的这些心态与行为，催眠师焦躁、责怪或哀求都无济于事。正确的做法是：首先，以冷静的态度、简洁的语言向受术者说明如此心态与行动对其自身不利。其次，对这些心态与行为不予计较，同时反复赞扬他的某个已对暗示语起反应的行为，称赞他的理解力与悟性之高。最后，逐步迁移，一步一步将其导入催眠状态。

在深化阶段，在接受某种程度以上的催眠暗示时，尤其是当暗示已出现幻觉、错觉以及要求受术者做一些违反常态的动作时，要么受术者绝对服从，依催眠师的暗示行事；要么会出现抗拒行为的突然加剧。如果此时催眠师的暗示、发问触及受术者一些个人最为敏感的问题时，这种反抗会显得格外强烈。我们以为，出现这种抗拒行为的根本原因在于催眠师未能把握好深化的时机，有超越暗示进程的状况出现。因此，催眠师在深化阶段应当特别谨慎小心，宜用"小步子"的速度前进，以防止这种强烈抗拒行为的出现。如果因一时不慎出现了这种情况，应当及时回归到先前已经成熟了的暗示阶段。经放松与反复暗示达致舒适、轻松、愉快后，再采取进一步的措施。

在治疗阶段，受术者最容易产生的问题是由于受暗示性的高度亢进，而出现处处迎合催眠师的情况，尽管这种"迎合"是无意识的。一般说来，在施术前，催眠师根据自身的知识结构和先前的经验已形成了一种受术者大约是因何种原因导致心理疾病的心向或曰定势。根据这一心向或定势，催眠师的暗示与发问都不同程度地带有某种倾向性。这种倾向性可能是正确的，也可能有所偏颇。此刻若受术者迎合这种倾向性，催眠师便认为已抓住了疾病的症结，所以在诊断上与治疗上都会出现各种失误。为防止这种偏向，催眠师应以暗示受术者自己倒出疾病产生的原由为宜，最好少做一些带有倾向性的发问。

在觉醒阶段，受术者可能产生的问题是感到在催眠状态中身心特别舒畅，因而在无意识中想一直沉溺于这种非现实的情况中，不愿很快回到现实生活中来。因而在逐渐清醒时停止自己的自发主动行为，一心想依赖催眠师，而自己不需要负任何责任。这样的受术者，在回复到现实世界中来时，可能耗时较长。当发生这种情况时，催眠师有必要采用一系列回归自然以及回复自主能动性的暗示，切忌强迫对方恢复清醒状态。在做了上述一系列的暗示后，再进行坚决、果断的觉醒暗示，帮助其顺利地觉醒。否则，一味采用强行的觉醒方法，受术者在"清醒"以后可能会感到生理上的不适和心理上的焦虑。

第五章　催眠施术过程

在任何一次非表演性的，以治疗身心疾病或开发潜能为目的的催眠施术过程中，应包括八个步骤：

——谈话；

——暗示性测查；

——术前暗示；

——导入；

——深化；

——治疗或开发活动；

——恢复清醒状态；

——解释和指导。

下面将分别讨论这八个步骤。

一　谈话

当有人来到催眠师处要求接受催眠治疗时，催眠师首先要做的一件事就是与当事人以及当事人的亲友进行谈话，以了解当事人所面临的问题。谈话的目的有二：其一，首先了解当事人所面临的问题是否可以运用催眠术予以解决。这是因为，催眠术并不是可以包治百病的仙方妙术。它可以治愈一部分疾病，但不是所有的疾病。甚至有些疾病使用催眠术可能会产生相反的效果。这些疾病是：

——精神分裂症和其他一些类型的精神病。因为，这些疾病的患者在催眠的作用下容易发生催眠性幻觉、妄想，从而使疾病诱发或病情加重。

——脑器质性损伤并伴有意识障碍的人，若使用催眠术可能使其症状加剧。

——冠心病、动脉硬化患者也不易接受催眠治疗。这类病人可能会因在催眠状态中有所发泄时，情绪明显波动而导致不良后果。

——对催眠术有严重恐惧心理，经解释仍不能接受催眠治疗的人，也不要实施催眠术。

因此，对于那些不适宜做催眠术的人，可通过劝告，说服他们到其他地方，用其他方法治疗。

其二，通过谈话以及稍后的对谈话的分析，可以部分得知当事人问题的"症结"所在。当然，大部分心理问题，当事人的主述往往是偏颇的，但即使"偏颇"本身也很有价值，即很可能就是深层问题的线索。催眠师在施术前如果不对这些情况有一大致的了解，在进行实质性的治疗时必然会带有很大的盲目性。这当然是不可取的。

二 暗示性测查

催眠与暗示有着非常密切的关系。可以这么说，没有暗示就没有催眠；催眠术之所以能够大显神通，究其本质，是由于人类普遍具有接受暗示的特征或曰本能。然而，一个毋庸置疑的事实是：人与人之间存在巨大的个体差异，正如地球上找不到两片相同的树叶一样，世界上也找不到两个完全一样的人。正是这种差异，使得人类社会千差万别，丰富多彩。也正是这种差异，使得我们对人的探究，以及普遍规律在具体人身上的应用变得相对困难。在催眠活动中，情况也是如此。尽管人们普遍具有受暗示性，并且对人类构成暗示的刺激物也是多种多样，但受暗示性的程度却有着不小的量的差异。在催眠施术时，若对这种量的差异视而不见，置若罔闻，以千篇一律的态度与方法对待所有的受术者，成功的概率将大大降低。即使是成功了，也属于偶然的巧合，而不是必然的结果。为对各人这种量的差异有较为明确的把握，知晓具体受术者的受暗示性的程度，以确定行之有效的催眠方式与方法，在施术之前，实有必要对受术者进行受暗示性的测查。测查方法如次。

（一）摆钟测验

准备一枝橡皮头铅笔、一个摆钟。摆钟最好是用透明而且带有小孔的玻璃球或塑料球制成。球上连着细线。在铅笔的橡皮头上按上一根大头针或小钉子，把摆钟的线头缚在大头针或小钉子上。然后，在一张大白纸上画一个圆圈，圆圈的直径为6~8寸。在圆圈内画两条互相垂直的直径。水平线标上 A、B；垂直线标上 C、D；圆心标上 X（如图 5-1）。

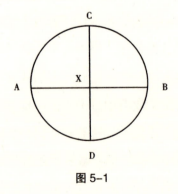

图 5-1

要求受试者用两手的拇指和食指夹住铅笔，使摆钟对准圆心 X。受试者采取直立姿势，两脚并拢，两肘紧靠身体两侧，全身尽量放松。然后，要求受试者的眼睛由 A 至 B 往返移动，而头部保持不动。不一会儿，受试者就会感到处于圆心的摆钟在 A、B 之间往复运动。过几分钟后，再叫受试者的眼睛在 C、D 之间往返移动，头部保持不动。顷刻之间，摆钟就似乎在 C、D 之间来回摆动。最后，让受试者的眼睛改为圆周运动。这样一来，受试者就有可能感到摆钟的运动方向是沿着 A→C→B→D 进行圆周运动。

如不能感受到摆钟运动的受试者，就是受暗示性较差的人；明显感受到摆钟运动的人，为受暗示性较高的人；感受到摆钟运动但又不很明显者，属受暗示性一般的人。

（二）前倾、后倒测验

要求受试者直立，两腿并拢，双手下垂。催眠师站在他（她）的正前方或正后方，告诉受试者，你可以尽管放心地向前倒或往后倒，不会跌倒的，因为有我在，可以扶着你。然后，先轻轻地扶着他（她）的头部作试验性的前倾或后倒。接着再要求受试者自行前倾或后倒。

后倒测验还有一变式，即让受试者背对着墙壁，站在离墙约 10 厘米的地方，两脚并拢、眼睛闭起来。此后，催眠师发出指令，要求受试者迅速地往后倒。有时受试者身体往后倒时，头会撞到墙上，为了避免头部受伤害，有必要在墙壁与头部高度一致的地方，吊上一软垫。

如果受试者毫无顾忌地往前倾或向后倒，为高度受暗示性者；如果受试者慢慢地往前倾或向后倒，为中度受暗示性者；如果受试者不敢向前倾或后倒，或者在前倾、后倒前脚步首先移动，为低度受暗示性者。

（三）放下手臂测验

令受术者端坐于椅子上，右手向前伸直，注意力集中于手掌心。然后，告诉受试者，现在右手的手掌变得非常沉重，愈来愈重，手掌心有发麻的感觉……再令受术者左手向前伸直，给予同样的指令……

手掌有沉重感并体验到手掌发麻的受试者，为受暗示性较高的人；反之，则是受暗示性较低的人。

（四）合掌测验

要求受试者直立，两手侧平举，手掌呈对立方向。再令受试者双目凝视正前方。接着，告诉受试者，你的两只手正分别向左、右方向移动，两手的手掌渐渐地要合起来了，很自然地要合起来了，好像有磁铁在相互吸引一般。

若受试者果真能按催眠师要求的那样，双手的手掌能合到一起，则为高度受暗示性者；如果连手掌相合的意向都很难看出，则为受暗示较低的人。

（五）手臂摆动测验

令受试者直立，两手自然下垂。然后，催眠师握住受试者的一只手，告诉他（她）：现在我将你的手臂上下摆动。你不要用力，由我来摆动，一切听其自然。将注意事项告诉完毕后，催眠师便摆动其手，反复若干次。在摆动过程中，催眠师逐渐减少用力程度。若是受暗示性高的人，便可能自觉不自觉地自行摆动起来。而受暗示性低的人则是催眠师用力小，手臂就摆动幅度小；反之亦然。

（六）躯体摇摆测验

要求受试者双脚并拢，躯体直立，微闭双眼。催眠师站在受试者的前面或后面，双手放在他（她）的臂部，作左右摆动。如果受试者无抵抗且经几次摆动后出现躯体自行摆动的倾向，为受暗示性较强者；若无抵抗，即顺从催眠师摆动，但没有出现身体自行摇晃的倾向，为受暗示性一般的人；若既无躯体自行摆动，又有反抗倾向的人，则属于受暗示性较差的人。

（七）圈套式提问测验

准备若干反映日常生活情景的图片或照片。告诉受试者：

这是用来测验你的注意能力的。只给你 20 秒钟左右的时间，看完以后要回答一系列的问题。所以，要仔细察看。

在受试者看完之后，把图片或照片拿到一边或翻过来，同时进行一系列带有诱导性的关于图片或照片内容的提问。提问以 10 则左右为宜，其中大部分是真实问题，夹杂着两三个实际在图片或照片中没有的事项。

例如：图片或照片中桌子上摆放的是翻开的笔记本，却问道：

"桌子上的书是什么书？"

再如：图片或照片中花瓶里插的是孔雀的羽毛，却问道：

"花瓶中插的蔷薇花是几枝？"

数次皆中"圈套"的受试者为受暗示性较高的人；反之，则是受暗示性较低或者是受暗示性一般的人。

（八）卡特尔十六人格因素测验

笔者经常采用《卡特尔十六人格因素量表》来作为检查受试者暗示性水平高低的手段。因为，在我们看来，先前所介绍的诸种受暗示性测查手段更偏重于动作方面，而《卡特尔十六人格因素量表》较之其他测查手段，更能反映出受试者本身所固有的受暗示性的程度。换言之，卡特尔十六人格因素测验是对受试者心理上受暗示性程度的较为直接的测查。并且，它所揭示出的受试者的受暗示性程度不是那种印象式的反映，而是数量化了的反映，因而其准确程度也优于先前介绍的若干种受暗示性测查方法。

《卡特尔十六人格因素量表》是由美国伊利诺伊州州立大学人格及能力测验研究所的卡特尔教授所创立的。这"十六种人格因素"的独特性、代表性及其意义，均经因素分析统计法、系统观察法及科学实验法的验证而慎重确实。每一种因素的测量都可得到对受测者某一方面人格的清晰而缜密的认识，更可以对受测者的整个人格系统有一个综合的了解。《卡特尔十六人格因素量表》被当今的心理学家们认为是一种最好的人格量表。

《卡特尔十六人格因素量表》中的十六因素是：乐群性、聪慧性、稳定性、恃强性、兴奋性、有恒性、敢为性、敏感性、怀疑性、幻想性、世故性、忧虑性、实验性、独立性、自律性、紧张性。每一因素都有两极状态，如乐群性：乐群外向——缄默孤独。每一因素又分为 10 个档次记分，最后便构成一条包括十六个因素的曲线，由此可窥见受测者人格状况的基本轮廓。

我们发现，凡是乐群性、兴奋性、敏感性得分高者，都是受暗示性较高的人，比较容易把他们导入催眠状态。而那些以怀疑性、紧张性为最为鲜明人格特征的人，则很难使之进入催眠状态。譬如，怀疑性与恃强性都很高的人，往往要采用反向暗示才能奏效。而紧张性高的人，往往杂念丛生，心情很难平静。那么首先要使之消除杂念，心平气和下来，才有可能将其导入催眠状态。总之，通过《卡特尔十六人格因素量表》的测验，我们不仅可以对受测者的受暗示性的程度有清晰、准确的把握，而且还能对他们的特点与具体情况有所了解，可以弄清受试者受暗示性程度不够高的内在原因。这样，催眠师就可做到胸中有数，在施术时便可应付自如。自然，运用这一量表检查受试者的受暗示性也有缺陷，那就是比较费时。另外，对量表曲线的解释也需要相当的水平。

（九）框棒测验与镶嵌图形测验

这两项测验原是心理学家们用来研究人的"认知方式"的。主要是测定一个人是属于场独立性者还是场依存性者。场独立性者属于不太容易受暗示的人，而场依存性者则属于受暗示较强的人。可将这两种测验引进作为检查受试者受暗示性程度的客观指标。

框棒测验是由威特金创设的。具体做法是：令受试者在高度注视的条件下，将呈现在面前的位于一个方框中的直线调整到垂直的方位。实验结果发现，当框架偏斜时，它对于中间直线的方位判断有同化作用，而这个效应的大小因人而异。威特金由此指出：凡视觉中受环境因素影响大者均属具有场依存性的特征；凡不受或很少受环境因素影响者均属具有场独立性的特征。我们认为，前者就是受暗示性较强的人，后者就是受暗示性较弱的人。

镶嵌图形测验是要求受试者在比较复杂的图形中用铅笔勾画出镶嵌在其中指定的简单图形（见图5-2）。

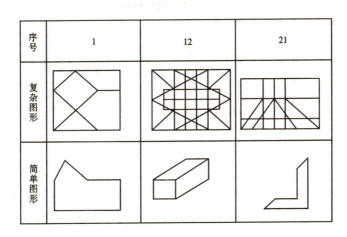

图5-2 镶嵌图形示例

场依存性者对这些任务往往感到困难，主要原因是环境刺激对他们的干扰太大，这就表明他们的受暗示性程度较高。场独立性者却往往能够取得较好的成绩，这就表明他们受暗示性程度比较低。

需要指出的是，并不是催眠师对每个受术者都要进行这一系列的受暗示性测查。事实上，我们也没有全部介绍所有的测查受术者受暗示性程度的方法。催眠师可以根据受术者的不同情况以及自身的偏好及熟练程度选用一种或数种测查方法。总之，只要达到真实客观地揭示出受术者的受暗示性程度就行了。

三　术前暗示

目前，大部分心理学家和催眠师们都承认催眠的心理机制是暗示。事实也充分证明：催眠术之所以有神奇的效果，完全是由于暗示的力量、暗示的作用。不过，许多人都以为暗示是在催眠师正式施术之后才发挥其效应作用的。这是一个误解，这个误解往往是许多刚刚涉足于催眠术领域的人，在练习施术时未能获得成功的一个重要原因。事实上，当受术者与催眠师见面之初，面谈之时，暗示就已经开始了。这就是所谓的术前暗示。术前暗示的工作包括以下几个方面：催眠师的服饰与态度、向受术者作必要的介绍、让受术者们横向交流和利用行为感染。这几个方面的工作可能与催眠施术步骤中的其他部分有交叉或重叠，但作为一个重要的环节，我们还是想不厌其烦地加以系统介绍。

催眠师的服饰与态度是一个重要的暗示源。关于此，在催眠师必备的条件中将有所阐述。总之，催眠师的服饰要整洁、庄重，态度要和蔼可亲又不卑不亢，从而给人以威严感、镇静感、亲切感和信赖感。

向受术者作必要的介绍。在施术前，对受术者介绍有关催眠术的一般背景知识是很有必要的。通常，受术者对催眠术一无所知，只是感到神秘莫测。心理学家认为，当人们处于对前景不知晓的情境中时，必然处于焦虑状态；而当人们为焦虑所控制和支配时，注意力难以集中，情绪处于不稳定状态。一言以蔽之，在这种焦虑的心态左右下，受术者很难接受来自外界的暗示。所以，应在正式施术前向受术者做一些简单的介绍，以消除受术者的焦虑。

这种介绍一般包括催眠术的用途、功效等等，最为重要的是要使受术者明了正确接受催眠术有益无害。此外，介绍要简明扼要，过于冗长，有时反倒使受术者如坠五里雾中，愈来愈糊涂。这样，不是减轻了焦虑，而是增加了焦虑，结果与初衷正好相反。还要强调，介绍不应是抽象的、纯理论的，而应以种种实例来说明问题。其理由在于，具有形象性和实际的材料更便于人们接受。

让受术者们横向交流。有时，催眠师的介绍虽有理有据且娓娓动听，还不能使有些受术者信服。因为，在受术者的心目中，催眠师的介绍或多或少有"王婆卖瓜、自卖自夸"之嫌。如果一位已经接受过催眠治疗并取得良好效果的人现身说法，效果要好得多。因为，他们是属于同一类人，彼此的信任程度高，易于沟通也易于接受。

利用"行为感染"。所谓行为感染，就是指一个人的行为引起另一个人产生同样的行为。这种"感染"在日常生活中经常发生，为人类的普遍心态之一。譬如，看到有人在排队购买某一商品，自己对该商品并不了解或并不一定需要，但也会自觉不自觉地跟着排队，并在无意识中认定该商品一定是价廉物美。

在术前暗示中，也可以利用行为感染。例如，让一位尚未接受治疗的受术者观看另一位正在接受催眠治疗并取得良好效果的受术者，这将构成强烈的暗示作用。当自己受术时，就比较容易产生种种与之相仿的、接受暗示的行为表现。在向那些对催眠术持怀疑态度的受术者实施催眠术时，这种术前暗示本身就构成了施术步骤中极为重要的一部分。关于此，在以后的阐述中还将有所介绍。

四　导入

所谓导入，就是将受术者从正常的清醒状态诱导到催眠状态之中。不言而喻，这是催眠施术过程中最重要的一个步骤。如果我们不能将受术者导入催眠状态，那么，一切将无从说起。换言之，催眠师的施术是失败的。既然导入是如此之重要，而且导入的方法又多种多样，千姿百态，所以，有关导入的方法，即催眠的方法，我们将另辟专章介绍。

五　深化

对于某些身心疾病的治疗和潜能的开发来说，较浅的催眠程度就已经足够了。但是，对于另一些身心疾病的治疗和潜能的开发来说，达不到中度或者是深度的催眠状态，恐怕就很难收到预期的效果。有鉴于此，将受术者受催眠的程度予以深化，有时不仅是重要的，而且也是必要的。

深化的方法有以下数种。

（一）倒数法

当受术者已进入浅度催眠状态以后，催眠师以坚定、有力的口吻向受术者下达指令："你已经进入催眠状态，但程度还不够深。下面我开始数数字，从十数到零。随着我的数数，你全身的气力将逐渐消失，眼皮会完全不能睁开，外面的声音将完全听不见，只有我的声音非常清晰……"反复暗示数遍后即开始数数字，一般说来，受术者的受催眠程度会有不同程度的加深。如能在数数的过程中，夹杂着一些"你将睡着"一类的暗示语，效果则更好。

（二）正数法

暗示的方式与暗示语和倒数法基本相同。不同之处在于不是由十到零，而是由零到十。自然，所数的数目不是机械的，到底多少可由催眠师自行确定，一般说来，不宜太多。

（三）音乐法

所谓音乐法，就是让受术者在催眠过程中暂时不听催眠师的指令，而令其集中注意去听节拍器声、雨滴声或者是其他听了以后要想睡觉的音乐。不难发现，这是试图通过一系列的单调刺激而深化其催眠状态的方法。

在使用节拍器时，必须将节拍器调到一分钟 50 次的慢节奏上来使用。雨滴声和音乐同样也应该是慢节奏的。在让受术者听这些声音之前，催眠师就应暗示受术者，在听了这些声音以后，将会产生什么样的反应。在受术者听这些声音的过程中，也应间或暗示他们："你现在愈来愈想睡了，你正在逐步进入较深的催眠状态……"实践证明，这种利用单调刺激加深催眠程度的方法往往能收到很好的效果。

（四）中断暗示法

有时，在反复暗示受术者进入较深催眠状态时，仍不能奏效。这使得催眠师大伤脑筋。如遇到这种情况，采用"中断暗示法"，每每可以收到意想不到的效果。

所谓中断暗示法，即指催眠师在施予催眠暗示的进程中，有意识地停顿一段时间，以使得受术者的受催眠程度渐趋加深的一种方法。具体做法是这样的：告诉受术者，你已经进入催眠状态，下面，我暂时不发出任何指令，在我不与你说话的这段时间里，你的整个身心将变得格外放松，你将睡得愈来愈深……古人云："此时无声胜有声。"确实，催眠师有意识地、适当地在催眠的进程中留下一段"空白"，往往胜过不停顿地暗示。

应当注意的是，在采用中断暗示法时，能否取得预期的效果，在很大程度上取决于"空白"时间长度的把握。中断时间太短，不能达到目的；中断时间过长，受术者有可能会突然觉醒或自动进入正常的睡眠状态。至于多长时间最为合适，尚无一个确定的指标。这里面个体的差异性很大。因此，在这一点上，催眠师的经验就显得尤为重要了。有经验的催眠师往往根据受术者的反应以及双方的感应而决定这段时间的长度。

六　治疗或开发活动

如果仅仅是为了表演，当受术者到了适当的催眠深度后，催眠师下达指令，让受术者作出一两个令人不可思议的反应，整个过程也就结束了。然而，催眠师的大部分施术活动绝不仅仅是为了表演。他们的目的是要借助于催眠术进行治疗或潜能开发活动。所以，当受术者到达适当的催眠深度后（什么样的程度叫适度是根据具体病症或开发项目而定的），治疗或开发活动便接踵而来了。

在谈到治疗和开发活动时，首先应当弄清的问题是，催眠术本身对治疗身心疾病以及潜能开发具有一定的效应作用。但另一方面，仅仅依靠催眠术本身还不能解决所有的问题。在许多情况下，催眠术要与其他心理治疗的手段以及开发潜能的方法结合起来使用方能显现出威力。

先说催眠术自身的效应作用。

催眠术本身最大的效应是具有极显著的放松和休息效果。无论是出于治病目的而接受催眠的人，还是出于开发潜能或表演目的而接受催眠的人；不论是进入较深催眠状态的人，还是只进入浅度催眠状态的人，在觉醒以后都会感到特别的轻松、舒适、精神振奋，好像是痛痛快快地睡了一觉。这种放松和休息的效果是如何获得的呢？说到底，是催眠的暗示效应引起受术者生理上的一系列变化——体温、脉搏、呼吸数、血压、基础代谢率的稍许降低。其中也有偏高的数值恢复到正常，或者是正常的数值得以稳定。同时，过度的紧张解除了，头脑中的种种杂念渐次消失。这种状态使人们在生理上得到最好的休息，这种休息的效果是通常的睡眠所不能企及的。而这种生理上的充分休息又反过来影响人们的心理状态，使心理上产生安定感和舒畅感。

另外，需要强调指出的是，疲劳分为两种：体力上的疲劳和心理上的疲劳。所谓心理上的疲劳，也就是情绪上和精神上的疲劳。心理上的疲劳，人们往往不够了解，也更难于恢复。它是由过量的脑力劳动或者是苦于无力解决所面临的生活中的难题所引起的。但是，在催眠状态中，这种疲劳能够得到最迅速的恢复。所以，那些存在心理困扰的人们，在接受了催眠术后，尤其感到轻松、舒适。

催眠术本身的效应除了具有极显著的放松和休息效果外，还对某些疾病有一定的疗效。譬如，对于心因性高血压、哮喘、荨麻疹、胃和十二指肠溃疡、糖尿病、脱毛症、疣等疾病，都具有控制症状发展和治疗疾病的作用。究其原因，是催眠术在抑制植物性神经症状方面有镇静的作用。

在更多的情况下，催眠术是与其他方法结合起来使用的，有以下方法。

（一）直接暗示疗法

所谓直接暗示疗法，就是将受术者导入催眠状态以后，催眠师以坚决、果断的语言直接暗示受术者：你的某些症状已经消除并且不会再出现；或者是某种动作、某些行为已经形成或表现出来，并且愈来愈明显。

（二）幻想法

幻想法就是令受术者在催眠状态中，根据催眠师的指令进行有目的的幻想。通过这种幻想，来解除种种身心上的疾病，或者是控制，调节自己的身心状态。

（三）宣泄法

在精神分析学家看来，将自己的观念、愿望、欲求、需要、痛苦、烦恼、焦虑、冲突等压抑在心头而不流露出来，绝不意味着问题已经消失了，不复存在了。这种心理能量若不发泄出来而郁结在心头，将会导致内心世界更大的紊乱与紧张，从而从各种"变式"来表现自身心理上的疾苦，这就是光怪陆离的心理疾病。

然而，我们还需看到，在清醒的意识状态中，愈是那些压抑过深、性格内向的人，愈难做到真正的宣泄。克制自身的情感流露，几乎成了他们的一种本能和习惯。在催眠状态中则不然，由于意识场的极度狭窄，所有的禁忌已不复存在，各种防卫的闸门统统打开，受术者可以将平时郁结在内心的种种欲求、需要、痛苦、焦虑毫无顾忌、淋漓酣畅地尽情吐露出来。通过这种吐露，压抑在心底的心理能量可得到充分的释放，如释重负，从而体验到一种前所未有的快感。从最低限度来说，心理疾痛的症状可以大大减轻。因此，无论从何种角度来看，宣泄都不失为一种治疗心理疾病的有效手段。尤其是与催眠术结合使用时，效果更好。

（四）系统脱敏疗法

"系统脱敏"是行为疗法的一种治疗程序，即当反应处于抑制状态时，连续对患者施以逐渐加强的刺激，使其不适反应最终被消除。通俗点说，当一个人心理上的痼结过于强烈之时，一次性的暗示或者行为指导往往难以奏效。此时，只能渐次地消除其不良反应，渐次地建立其良性反应，才能逐步彻底改变其不良行为，建立良好的、恰当的行为模式。自然，在清醒的意识状态中，通过各种手段也能达到这一目的。但是，如果和催眠术结合起来使用，效果将更快、更好。因为催眠暗示具有良好的累加性特征，更易诱发并巩固系统脱敏的作用。

（五）自信训练

接受自信训练的患者当然是那些自卑、不敢恰当地表现自己，对工作、对他人有恐惧心理，而且经常受到家里人、朋友和同事呵斥或使唤的人。他们并不一定甘于如此，但事实上又不得不如此。长时间的压抑和自卑，使他们往往染上其他种种心理疾病。自信训练，就是使人表达正常情感的训练，从而使压抑正常情感且表露在外的焦虑得以交互性地削弱或消除。其目的是使患者在社交场合中，能够充分自信地代表自己并感到满足，以取代他们先前那种对他人表现出的无能的、充满恐惧的反应。临床治疗学家经常在催眠状态中进行自信训练。因为在催眠状态中，最容易根除隐蔽在潜意识中的、深深地影响着患者观念、行为的病根，最容易建立起自信的观念。

七　恢复清醒状态

当催眠师完成了一次施术活动后，一项必须做的重要工作就是将受术者由催眠状态恢复到清醒状态中来。在这一步骤中，需要注意以下一些问题。

无论受术者达到何种程度的催眠状态，甚至乍看上去几乎没有进入催眠状态，恢复清醒状态这一步骤都是必不可少的。这一点至关重要。

在使受术者恢复到清醒状态之前，必须将所有的在施术过程中下达的暗示解除（催眠后暗示除外）。例如，催眠师若在催眠过程中下达了受术者的手臂失去痛觉的暗示，而又不解除，那就会给受术者带来很大的麻烦，甚至是不必要的痛苦。

在受术者清醒以后，有些人可能会有一些轻微的头痛、恶心的感觉，甚至极少数人还会有一些抑郁等不良反应。一般说来，这些感觉很快就会消失。如一段时间后仍不能消失，催眠师可再度将其导入催眠状态，对上述症状予以解除。

在受术者清醒以后，催眠师与受术者的谈话中应以下面暗示为主，即暗示受术者各方面感觉都很好，不会有什么不适的情况；即使有，很快也会消失。若因催眠师本身信心不强，反复问受术者："你真的醒了吗？头痛吗？"这种带有高度消极暗示性质的发问，反而会诱发受术者的种种不安，产生恐惧心理。

具体觉醒方法，我们将在催眠方法一章中作详细介绍。

八　解释和指导

施术的全部工作结束以后，催眠师应对受术者作若干必要的解释和指导。解释和指导的内容包括：告诉受术者有关进展情况。如果是比较严重的心理疾病，还得说明，这不是一两次催眠施术就能解决的，需要一个疗程方能彻底解决，以免受术者产生急躁情绪。在日常生活中，应当做些什么、避免些什么、注意些什么。特别重要的是，要竭力排除受术者对催眠师的依赖性、感恩态度，尤其是移情倾向，要和受术者建立起正常的人际关系。以上诸点，虽是施术结束后的扫尾工作，但其重要性和必要性怎么强调也不过分，初学催眠术的人，往往对此有所疏漏。

第六章　催眠施术的方法

　　这里所论及的催眠方法，是指将受术者导入催眠状态以及由催眠状态转为清醒状态的方法。长期以来，催眠师们在其实践活动中创造了各种各样的催眠方法，据有关资料统计，有数百种之多。这些方法各有其独特的用途，也各有其优点与短处。毋庸讳言，由于催眠术自诞生之日起就具有神秘、怪诞的迷信色彩，并长期为巫师、方士所采用，故而有些方法不免失诸虚幻或缺乏可操作性。有鉴于此，我们在此谨介绍那些实用、简洁、有效、具有可操作性的催眠方法。

一　躯体放松法

　　躯体放松法指受术者根据催眠师的指令通过躯体的放松进

入催眠状态的方法。

首先应当指出的是，放松是一项技术，这种技术绝非人人生而有之。尤其是那些感受性较低的人以及智力偏低、知识贫乏的人，往往很难放松，甚至对什么是放松都不甚了然。因此，在正式实施催眠术之前，尤其是实施躯体放松法之前，施术者应对放松的概念、意义、方法予以必要的说明，并进行适当的训练。唯此，才能奠定成功的基础。

具体实施步骤是这样的：

令受术者仰卧（坐式亦可，但效果不如仰卧显著）在床上，以自己感到最为舒适的姿势静静地躺着，将手表、皮带、领带、胸罩等除去。静躺几分钟后，催眠师开始下达放松指令。具体步骤是：眼皮放松、面部肌肉放松、颈部肌肉放松、肩部肌肉放松、胸部肌肉放松、腹部肌肉放松、脚部肌肉放松、手臂放松……当受术者进入放松状态以后，则可迅速导入催眠状态。在令受术者躯体的各个部位放松时，应注意下列问题：

应使受术者反复放松。这就是说，催眠师对受术者某一部位的放松要反复暗示。如：眼皮放松……眼皮再放松……看得出来，你已经放松了，但我要求你继续放松，再放松一些。反复的放松，可使受术者的注意力高度集中，易于导入催眠状态。

在放松后应发出指令，让受术者体验放松后愉快舒适的感觉。这是由于，放松后人们确实可以体验到舒适的感觉，让其作如此体验既可增加双方协调、配合的程度，更可达到使其注意力高度集中的目的。况且，伴随着愉悦的感觉，人们深层心灵世界中的反暗示防线最容易被冲垮。

在令其放松和让其体验放松后的舒适感觉后，应留给受术者足够的时间让其体验。倘若催眠师一个指令紧接着另一个指令，受术者则无法感觉放松和进行体验。因为，放松感和放松后的愉悦感的体验是需要时间的。许多催眠术的初学者采用躯体放松法施术劳而无功的情况，往往是由于这方面的原因。

继续暗示放松。有时，从眼皮到腿部的一次全过程放松还不能使受术者进入催眠状态，尤其是初次接受催眠的人往往如此。此时，施术者也不必气馁，可继续暗示放松。不过，这时的放松应注意一个细节问题，即不能再从眼皮到腿重演一遍，应在躯体的各部位间跳跃进行。究其原因，是再依次进行的话，受术者将产生预期；当放松到颈部时，他就会想，下一步该是放松肩部了，这将直接妨碍到注意力的高度集中，也就很难进入催眠状态。

辅之以按摩催眠法。常常，受术者虽经催眠师的反复暗示，但其放松状况仍不尽如人意。此时，若辅之以按摩催眠法，则可以大大增强放松的效果，进而迅速进入催眠状态。

在受术者难以放松之时，催眠师告诉受术者，我现在开始给你按摩，随着我的按摩，你的肌肉将愈来愈放松，你将愈来愈感到疲倦而进入催眠状态……而后，一面令其放松，一面予以按摩。按摩与放松并举，其效果势必相得益彰。进行按摩时，应注意两点：其一，按摩不宜过重，也不宜太轻，令受术者感到舒适为最好；其二，按摩皮肤的方向不宜逆上，以顺势而下为宜。

二 观念运动法

这是一种暗示受术者产生观念运动，而将其导入催眠状态的方法。许多催眠大师认为：这是一种自然、易行且屡试不爽的方法。这一方法有以下几种形式。

（一）钟摆运动

这一方法源远流长，自 19 世纪初叶起就为世人所瞩目。

具体步骤如下：

将一铅锤或其他重物绑在线上，令受术者将拿着线的手放在桌面上，线的长度要适宜，不能让铅锤碰到桌面。然后，要求受术者两眼凝视铅锤，思想高度集中。接着，催眠师发出暗示语："好的，现在铅锤已开始向左右摆……摆动在逐渐加大……愈来愈大……现在已经摆动得很厉害了……请注意看……再注意看……现在，你的眼睛已经有点疲劳……想闭起眼睛休息一会儿了……你已经想睡了……但现在铅锤摆动得更加厉害了……你现在很疲劳，睡罢……"

这种由钟摆暗示而产生的观念运动，较易使受术者产生反应。虽然它只能收到轻度暗示的效果，一般只能使受术者进入浅度催眠状态，但对于那些初次接受催眠术并对其效果将信将疑的人来说，不失为一种打消疑念、坚定信心、愿意与催眠师真诚配合的有效手段。

（二）扬手法

扬手法的实施过程是这样的：令受术者两肩自然放松，以自我感觉舒适为宜。然后，两眼凝视自己右手的手指。同时暗示："渐渐地，你的手在逐步发热，并且开始有沉重的感觉。这种感觉是你过去从未体验过的，非常舒服……现在，你仔细体验，一定能体验到……继续体验……反复体验……"

当受术者体验到手的温热感和沉重感以后，进一步的暗示便开始了："你右手的手指似乎很沉重，好像不能动似的。其实，你的手指正在微微地动着呢！如果你更为专注地凝视右手的话，会发觉拇指、食指、中指、无名指、小指都在动呢！现在，请注意正在动着的食指，你会发觉食指正往拇指方向移动。请继续注视，食指已经愈来愈接近拇指了……现在，拇指开始往上移动，食指、中指、无名指、小指也逐渐往上移动……整个手掌往上移动……愈来愈高了……此刻，你感到精神非常恍惚、眼皮沉重，好像要闭起来似的……现在，你的右手很自然地，然而又是紧紧地贴在脸上，眼皮已经合起来了……心情非常好……非常轻松……你已经进入催眠状态了……"

有时，扬手法的效果不太显著，催眠师们便采用形式上与扬手法相左但实质上完全一致的降手法。即，令受术者直立，两手平举，双目凝视指尖良久，然而暗示其手掌逐渐地、缓慢地降下来，同时眼皮沉重、昏昏欲睡。在有些情况下，这样做的效果会更好一些。

三　言语催眠法

言语催眠法系指催眠师无需任何道具，也不需要受术者做任何动作，只是通过催眠师卓有成效的言语暗示，将受术者导入催眠状态的一种方法。

该方法使用前，有必要向受术者作出若干解释，包括：言明催眠术的益处；言明催眠是有益无害的等。接着再给予一系列积极的暗示，譬如：你的智商颇高，悟性强，人格健全，心理健康，极易于进入催眠状态。如果有条件的话，可让受术者观摩已经进入催眠状态的其他受术者，或让已尝到催眠快感的受术者谈自身的体会与感受。如此做法，可使受术者产生强烈的预期心理，形成积极的自我暗示。可以这么说，言语催眠法成功的奥秘大抵就是如此。

具体施术步骤是：

先令受术者静坐或安卧，休息片刻，使其排除杂念，专心致志。然后以鼓励性的言语调动受术者的积极性以及增进双方的感情交流，以期形成相当默契的心灵感应。

接下来进行的就是使受术者进入催眠状态的言语暗示。大致可采用这样一些言语：今天，由我来给你实施催眠术，目前你心情已十分平静，平静得像一湖春水，心情非常愉快。现在，你对其他声音充耳不闻，只是我的声音你听得十分清楚……你现在非常舒服，很想睡觉……眼皮非常沉重……不想睁开，也难以睁开……经过一番言语暗示以后，则可进行状态检测。如，在暗示其眼皮沉重不能睁开、手沉重难以举起之后，令其睁开眼睛或举起手。当他（她）不能睁大眼睛或举起手之时（这表明已进入催眠状态），再说："你已经进入催眠状态，外面的声音已经愈来愈模糊了，愈来愈小了。但我的声音显得非常清楚，愈来愈清楚。现在，你继续全神贯注听我的指令，按照我的指令去行动。"接下来，则可给一信号令其完全进入催眠状态。而后，治疗疾病，调整身心则都成为可能了。

在采用言语催眠法时，应注意的问题是：催眠师的语音语调既要平和温馨，又要果断坚决；既要充满情感，又要沉着镇定。更为重要的是，催眠师要密切观察受术者的反应，判断受术者大致已进入何种程度的催眠状态，根据观察结果决定发出什么样的暗示语言。其原因在于，如若催眠师的暗示语与受术者的状态不相契合，催眠师将会失去受术者的信赖，反暗示的力量便会陡增，施术成功的可能性就会受到很大的影响。

四 口令催眠法

口令催眠法，系指催眠师以口令作为暗示诱导手段，从而使受术者进入催眠状态的一种方法。这种催眠方法有以下几种方式。

第一种方式是，让受术者仰卧在床上，或坐在有靠背的沙发椅子上，总之，让受术者的身体处于舒适轻松的状态之中。然后，要求受术者闭上眼睛，将双手屈举于前，与胸部成 90 度直角。告诉受术者，如听到口令喊"一"，双手放下；听到口令喊"二"，则将双手举起，恢复到原来的形态。当受术者明了其要求之后，告之，现在正式开始喊口令。于是，喊"一"，受术者放下双手；喊"二"，受术者举起双手，如此反复进行。应当予以重视的是：催眠师在喊口令的时候，在速度上、音频上要有所变化，即时而急骤，时而缓慢，时而暂停，使受术者无规律可循，从而保证高度集中注意力，无法分心。当刚开始喊口令时，声音较大，然后渐渐降低，直至停止。另外，在喊口令的过程中，夹杂着暗示语"你已经很累了，很想睡了……好的，现在就睡吧，你将进入到愉快的催眠状态。"随着口令与暗示语，受术者将进入催眠状态。

第二种方式是，准备状态与上述相类似，口令有所变化。即催眠师喊"一"，受术者则闭上眼睛；催眠师喊"二"，则睁开眼睛，"一"、"二"的口令反复喊十几遍。口令的速度或急或缓。但有一原则，即要让受术者闭眼睛比睁开眼睛的时间要长。在受术者的眼睛已不再想睁开的时候，催眠师用食指和拇指轻轻地压在受术者的眼皮上，反复暗示："你已经很想睡了，不想睁开眼睛了……"经多次反复暗示后，受术者将渐渐进入催眠状态。

第三种方式是，准备状态同前，手势有所变化。使受术者闭上眼睛，两手下垂。并告诉受术者，喊"一"则将双手握成拳；喊"二"则将手摊开。口令声时急时缓，时而加快，时而停止，务必使之按照口令行事。接着暗示"周围悄寂无声，你的心情平静似水，很快就要进入催眠状态……"

第四种方式是，喊"一"要求受术者闭上眼睛；喊"二"则将双膝合拢。喊口令的方式同前，再加之必要的暗示语。

这种口令催眠法对于注意力难以集中的受术者（顺便提一句，许多心理疾病患者的典型特征就是注意力难以集中），对催眠术及催眠师持怀疑态度的受术者施行效果尤佳。它也可以成为其他催眠方法的前奏或序曲。因为，遵循口令可使之养成无条件地接受暗示的习惯，为把他们导入催眠状态奠定了坚实的基础。

五　信仰催眠法

信仰，尤其是对于宗教的信仰，在心理学家看来，无异于催眠的一种变式。因此，利用信仰进行催眠，往往可收事半功倍之效。自然，实施这种方法的基本条件是受术者具有某种信仰。信仰程度愈高，则催眠效果愈好。具体实施方法是：

如果受术者是信仰基督教的人，催眠师便说："信仰基督教很不错，我和你一样，也有同样的信仰，对耶稣笃信不疑。"这样，首先产生了社会心理学家所指出的良好人际关系的必要条件——"自己人效应"，获得了双方心理上的高度相容。实践证明，在高度心理相容的状态下，即使是逻辑上难以接受的观点，由于情感因素的支配，人们在心理上也能接受、容忍并认同。然后，催眠师说："催眠术的道理，也是从基督教教义中衍生出来的。你没听说过耶稣不用药物而为人祛病消灾的故事吗？这就和催眠术的道理相吻合。你应该像信仰基督教一样相信催眠术。只要我一施术，你便立刻进入催眠状态。你将体验到一种从未有过的舒服感觉，如同上帝恩赐你时一样。你要把这信念牢记在心，不要疑惑。现在你闭目静想耶稣的事情，耶稣正在救你，是通过我来给你治病。好的，现在我就对你施行催眠术了。"

在此基础上，既可进行放松法的暗示，也可进行口令催眠法或言语催眠法。总之，无论实施哪一种暗示，都比较容易取得效果。

以上是以信仰基督教者为例来说明信仰催眠法。对于信仰其他宗教的人也可根据具体情况如法炮制。究其根本，这种方法是利用受术者笃信某种宗教的心态，使其对催眠术无猜疑之心，而有乐于接受之意。因此，一旦受术者的感应性极高，从而可以很快进入催眠状态。当然，催眠师在实施这种方法时，言辞、体态、表情、动作都要十分讲究，要使受术者相信不疑，否则有可能得到相反的结果。

六　反抗者催眠法

在有些情况下，并不是所有前来接受催眠术治疗的人都是自愿前来的，精神病人便是最典型的例证。针对这种情况，催眠师在长期的治疗实践中创造出一种反抗者催眠法。受术者的反抗可分为两种：一种是以体力作反抗，另一种是心理上的反抗——以阳奉阴违的态度来对付催眠师。下面分别介绍对待这两类反抗的催眠方法。

先说以体力作反抗的受术者。

有些精神病人，在接受催眠时可能会表现出种种狂暴行为，或挥拳或踢腿，无法使其安静。如果必须对他们施行催眠术的话，用布带绑缚其四肢，使之无法动弹，然后使用微量的麻醉药品；同时慢慢地施以诱导催眠的言语，也是有可能使之进入催眠状态的。也可以用强烈的光线照射他的眼睛，等到他的眼睑闭合后，再予以诱导催眠的种种暗示。应当指出的是，对于这种受术者施术，不能指望他进入很深的催眠状态。事实上，在浅度催眠状态中，治疗疾病已经有了可能。

再说对于心理上作反抗的受术者。

有些人想要试试催眠术是否灵验（许多人初次接触催眠术时都有这样的心态），或者是想和催眠师开个玩笑，对催眠师的指令阳奉阴违，反其道而行之。对于这种情况，欲想使催眠施术成功，催眠师须以敏锐的洞察力看破受术者的这种心态，然后采以恰当的方式。譬如，让受术者按照要求数数字，当他故意误数数字时，就告诫他：注意力不集中，就会发生错误，有了错误又得从头数起，这样做岂不白费时间？此时，受术者已觉察到自己的心态已被催眠师看破，势必有所收敛。接着，催眠师可乘机再暗示道：请你不要故意反抗，你愈是反抗，我愈有方法使你更快地进入催眠状态。在打消了受术者的反抗心态之后，再施以其他催眠方法，成功的可能性就大多了。

对于反抗者实施催眠术的另一有效方法是采用反向暗示法。

在我国，战国时代有这样一个故事，说的是大军事家孙膑来到齐国，齐王知道他满腹经纶，故意出了个难题，说道："你能使我从高台上下来吗？"孙膑道："我无法使你下来，但如果你下来的话，我可以使你上去。"齐王出于好奇，走下台阶。孙膑说："你这不是下来了吗？"这就是通过反向控制的方法达到了目的。在催眠术的实施过程中，对于那些固执的、具有反社会人格的人，只有施予类似反向控制的反向暗示法，才能将他们导入催眠状态。而采用一般的正向诱导法，往往很难奏效。

一位催眠师对一个固执的受术者说：你是无法接受催眠术的。我想让你感到眼皮渐渐沉重，请你立刻闭上双眼。不过，我注意到你的双眼睁得大大的，一点也没有变重。毫无疑问，你的眼皮愈来愈轻，双眼睁得愈来愈大。进入催眠状态要放松，可是你坐在那儿，变得越来越紧张，身子挺得直直的，我看得出你有多么紧张，是无法接受催眠术的。你毫无倦意，精神十足，你正变得越来越清醒……

催眠师沿着这样的路子，尽说一些与自身意图截然相反的话。但事实上的效果却是负负得正，不一会儿，这位固执的受术者就进入了深度催眠状态。

七　怀疑者催眠法

由于催眠术的普及程度还不够（在中国尤其如此），再加之催眠术具有神奇的色彩，所以，对催眠术持怀疑态度的人很多。笔者就曾怀疑过自己的老师，在自己实施及讲演催眠术时又曾遭到他人的怀疑。对于到催眠师这里接受治疗的人来说，怀疑的原因则更是多方面的了。有人可能是听到一些关于催眠术的荒诞无稽的传说；或者是凭主观臆测，认为接受催眠术后精神将永久衰弱；或者是怀疑催眠如同外科手术的麻醉药，有可能使人永远不能醒觉；或者是顾虑自己会像木偶一样永远受催眠师摆布而无法自持……要之，怀疑的原因可能不同，但究其根本是对催眠术缺乏科学的、充分的认识。出现这种现象十分正常，不足为怪。问题倒是如何对那些持怀疑态度的受术者实施催眠术。这是一个难题，也是一个必须解决的问题。怀疑者催眠法，就是解决这一难题的方法。

具体实施方法如下：

先使受术者坐在舒适的椅子上。然后，催眠师以中肯、平和、毫不做作的语言和语气，将催眠术的一般原理、功用，适应范围、科学依据等等向受术者作一概要式的阐述。同时着重强调，催眠术肯定是有益无害的、催眠师的工作是认真负责的，催眠术对解决你目前所面临的问题非常适用（如果事实上催眠术不能解决来访者的问题应实事求是，婉言谢绝）；若再举一二实例则更佳。兹后，再接述催眠过程中的种种表现、它的效能及适用范围，使受术者对催眠术的一般情况有一个大致的了解，以部分消除原有的偏见与疑虑。

对付怀疑者最有效的办法是，在正式给他施术之前，不妨先选一位感受性高又曾多次接受过催眠术的受术者，当着怀疑者的面实施催眠术；并呈现催眠状态中的种种奇异表现，让怀疑者看到催眠术在增进身心健康、开发个体潜能方面的独特作用；还要让怀疑者看到受术者的觉醒过程，以及让受术者对怀疑者谈受术的感受，以消除怀疑者有关受术后难以觉醒、精神衰弱的种种顾虑。由于是身临其境、亲眼所见，绝大多数怀疑者都会为之折服，消除怀疑。接着，便可实施正式的催眠暗示："现在你大概不会怀疑催眠术了吧？现在你大概也会希望我用催眠术来解决你所面临的问题了吧？好的，现在我就对你实施催眠术。和你刚才看到的一样，你也将很快进入催眠状态，你也将很快享受到催眠术所带来的愉快的体验以及它对你心身健康的帮助。"这时，受术者已对催眠术心悦诚服，顿释前疑，信仰之心油然而生。此刻，催眠师的各种暗示、各种指令便可长驱直入，迅速占领受术者的整个意识状态，很快将其导入催眠状态。

要言之，对付怀疑者的关键，在于消除他们的怀疑心理，秘诀在于说教与让其亲眼所见相结合，着重点在后者。如果很好地做到了这两点，本来最具怀疑心理的受术者可能会转变为笃信不疑的受术者，可能会转化为最易受暗示、最快进入催眠状态的人。

八　杂念者催眠法

催眠师有时不能使某些受术者进入催眠状态。这些人往往是杂念较多、注意力无法集中。从人格特征上来看，这些人性情浮躁、好动、平时就很难获得宁静。与反抗者、怀疑者不同，他们主观上既无意抵抗催眠师，也并非对催眠术及催眠师疑窦丛生，只是客观上无法排遣诸多杂念而已。我们说，催眠术对受术者的首要要求就是要能集中注意力。唯此，催眠师才能诱导其进入催眠状态。杂念丛生，必然使一般的催眠方法黯然失色，无用武之地。所以，对于这样的受术者，排除杂念便成为首要的任务和基本的保证。杂念者催眠法，就是专门针对这种情况的一种行之有效的方法。实施过程是这样的：

　　把受术者带入催眠室后，先让他站在那里，对他说："你两手前举、两掌相握，向右摆动 20 次，由慢而快，由快而慢，当你迅速摆动时，可以看到不可思议的奇观。"受术者按照催眠师的指令行事，在进行摆动十余次后，身体将站立不稳，与此同时，心中的一切杂念也将消失殆尽。当他（她）站立不稳而欲跌倒时，催眠师上前将受术者扶住，并帮助他（她）仰卧在床上或安坐于椅中。此刻，正式的催眠暗示开始："你的各种杂念已完全消失，心情十分平静，请闭上眼睛，专心致志地听我的指令，并遵照执行。"这时可检查一下受术者的眼动情况，如果活动已基本停止，眼皮也不再眨动了，便证明受术者的杂念已消失。接下来便暗示："现在你胸部的血液开始往下流动，额部感到非常凉爽，请体验！请体验额部凉爽后的舒服感觉……眼皮已经不能睁开了……手臂也很重，不想抬了，也抬不起来了。"由于杂念消除，暗示效果倍增，本来是心怀杂念而很难进入催眠状态的受术者，被一步一步地诱导进入较深的催眠状态。

九　持续催眠法

　　有些身心疾病，在短暂的催眠施术时间内进行治疗，有时不能收到显著的或者长久的效果，它们需要长期的催眠效应作用方能有效地调整心身、攻克疾病。于是，持续催眠法便应运而生。所谓持续催眠法，即指催眠师运用特殊的方法，使受术者持续处于催眠状态一段时间（起码超过一般催眠时间的三倍以上），从而达到有效地治疗心理疾病的目的。

按催眠状态持续的时间来分，持续催眠法可分为以下几种形态。

几小时的持续：使患者陷入持续 2~3 小时的催眠状态的方法。

夜间的持续：使受术者在夜间进入催眠状态，这种状态一直要持续到第二天早晨洗漱之前。需要指出的是，夜间的持续催眠法与睡眠催眠法不是一回事。前者是在夜间的清醒状态时施术，后者是在熟睡状态时施术，两者之间有本质区别。

一昼夜的持续：这是从前一天晚上便开始让患者进入催眠状态，持续到第二天晚上的同一时间才让受术者清醒过来的方法。

自由的持续：这种方法，可以使受术者的催眠状态持续好几天之久，也就是说，在较长的一段时间内，使受术者一直处于催眠状态。在进入催眠状态后，对受术者发出指令："当你的身心不再需要催眠时，便会自然觉醒过来。"由受术者自行判断和负责。这与自我催眠法在某种程度上有类似之处。

催眠师在运用这种方法对受术者施术时，在操作上要注意若干要点。

采用这种持续催眠法的基础条件是要将受术者导入深度催眠状态（浅度、中度的催眠状态都是不够的）。要使受术者在催眠状态中能够睁开眼睛、去吃饭、上厕所或做一些其他必要的事情，以保证受术者的日常生活能顺利进行，生物节律不至于受到破坏。

以受术者的母亲、妻子（或丈夫）或护士为助手，当受术者的意识状态有起伏、跳跃时，换言之，当受术者从深度催眠中惊醒，或者是催眠状态由深变浅时，要立即诱导受术者，使之再进入较深的催眠状态。至于受术者能否与家人、护士发生感应关系，可以通过催眠师在实施催眠并已达到较深状态时，"转"给第三者的方式来解决。

要设法使患者在较长时间的催眠状态中，不至于感到无聊、乏味。这样，他的无意识中才不会涌出由催眠状态中自己醒过来的念头。

催眠师要反复暗示受术者不要受周围环境中其他人的谈话声和噪声的影响，以免这些杂音成为惊醒受术者的因素。

这种持续催眠法虽然能获得比较好的效果，但由于施术时的情况比较复杂，应当予以高度的重视。例如，不论在什么情况下，都要尽量将受术者导入深度催眠状态之中。同时要暗示他们如果确有需要的话，可以自由地去上厕所，也可以津津有味地吃饭。而且，根据惯常的时间和周期，还可以进入自然睡眠状态。早晨醒过来的时候，仍然可以进行早晨的所有习惯性的活动。但在这一切结束之后，又会重新陷入深度催眠状态。这是必须做到的，而且也是可能做到的。当然，为使这一切能够顺利进行，应当尽可能地在环境问题上给予较好的配合，这就是必须让受术者住在安静的医院里，必须有适当的人选监护，必须有经验丰富的催眠师来施术。

诚然，连续一昼夜乃至几天的持续催眠是可能的。就一般情况而言，由于夜间的催眠会与自然睡眠部分重叠，因此，通常不会发生什么问题。但是一到早晨，便会难以抗拒以往的生活节律，而会在不知不觉之中起来洗脸、刷牙、吃饭等等。尤其是已经习惯在早晨处理家务活动的家庭主妇，更是难以抗拒想睁开眼睛的欲望。如前所述，催眠师可以让受术者干完这番事后再进入催眠状态，但事实上总是具有一定的风险性。有鉴于此，催眠师们发现：由晚间吃饭后开始，一直到第二天早晨觉醒的"夜间持续法"最为自然、方便、合理，也最少冒风险，因而是值得倡导的一种催眠方法。

十　凝视催眠法

在催眠诱导过程中，凝视法是最为普遍的一种方法。有时，它是几种催眠方法同时使用时的先驱，或曰第一步骤；有时，它能直接将受术者导入催眠状态。所以，它的使用频率相当高。具体的方法是，让受术者全神贯注、集中精力凝视着会发光的或能反射光的物体，同时予以暗示与诱导，使其进入催眠状态。会发光或能反射光的物体很多，譬如，钢笔套、手电筒等均可，只要是能产生光或反射光就行了，所以对客观条件的要求并不高。

具体施术过程是这样的：

首先，让受术者坐在椅子上，做几次深呼吸。最好是腹式呼吸。这样可以使心情稳定下来。然后，催眠师再下达指令：眼皮轻轻地闭起来，使你自己感到非常舒服。接着继续用腹部慢慢地做深呼吸运动。这样一来，身体的紧张感、不安感就会渐渐消失，全身的气力也会渐渐消失……

当受术者做了数次深呼吸运动后，催眠师再对受术者下达指令："请你慢慢地睁开眼睛，愈慢愈好，然后集中全部精神凝视着反光物。在凝视期间，你会觉得眼皮很沉重，愈来愈沉重，而且全身气力皆无。你体验到没有？你现在已经全身无力了，眼皮也快要合起来了，你感到很舒服。请继续凝视该物体，继续体验这种舒服的感觉……"

说完以后，将手中的发光物（如手电筒）举起来，并使受术者的视线跟着移动。然后再告诉受术者："你的眼皮就要合起来了，全身的力气也逐渐要消失了。但我要求你还要继续凝视发光物……你现在的心情变得非常轻松愉快，身体感觉很舒服。从现在起，我从一数到十，当我数到十的时候，你的眼睛将再也睁不开了，你全身的气力将会完全消失，你将完全进入催眠状态。现在我开始数数……"

采用凝视法，除了可让受术者注视会发光的物体之外，也可以让受术者注视催眠师的眼睛。这种方法的效果和使用手电筒或其他发光物体的效果别无二致。而且，根据我们自身的体会，这么做也可能会使催眠师和受术者双方的感应性有所增强。

十一　后暗示催眠法

如果你有机会观摩一次催眠术表演，就会看到，催眠师的一两句话、一两个动作就可将受术者导入催眠状态。看起来异常神奇，令人不可思议，有时也正因为如此，观看者总是以为催眠师有什么魔法或者根本上就是弄虚作假。其实，催眠师既无什么特殊的魔法，也丝毫没有弄虚作假，而是在实施后暗示催眠法。

我们知道，在受术者处于深催眠状态中时，意识一片空白，潜意识完全开放，催眠师的暗示诱导可直接、迅捷地进入潜意识。这时，催眠师下达一个指令给受术者："下次我给你催眠时，只要我喊'一、二、三'，或者说某一句话，你将立刻进入催眠状态。肯定是这样的，不会错的。"然后，将所规定的信号从受术者的记忆中抹去，而只留在他（她）的潜意识中。受术者醒来以后，已记不住这一暗示。但只要信号一旦出现，便会出现高度的感应性，迅速进入催眠状态。这就是后暗示催眠法的整个奥秘所在。

一般说来，后暗示催眠法大多用于催眠表演。如前所述，在催眠发展史上作出过杰出贡献的法国著名精神病医生夏科所进行的"大癔病催眠表演"，所使用的就是后暗示催眠法。在一个较长疗程的催眠术治疗过程中，催眠师也往往利用这一方法，目的是节约时间，使受术者尽快进入催眠状态。顺便提及一下的是，利用催眠术进行犯罪活动的人，很多也是使用这种后暗示催眠法。日本有篇推理小说，名曰《催眠杀人犯》，其中对如何利用此法进行犯罪活动有极为生动、详尽的描述。

十二　睡眠催眠法

睡眠催眠法，乃是指当受术者处于自然睡眠过程中，对之实施催眠，以使其由自然睡眠转为催眠状态的一种方法。

首先应当指出的是，自然睡眠和催眠状态有很大区别。且不说脑电活动方法不同，也不说生理机制上的区别，仅就其若干外在表现，也是迥然有别。譬如说，在自然睡眠过程中，知觉通道基本关闭，在催眠状态下，意识虽然处于空白状态，但经催眠师指点，受术者仍然可以看到、听到、闻到客体。在自然睡眠状态中，人们基本无语言产生，即使有也是由于缺少逻辑中枢的控制而显得语无伦次。在催眠状态中，只要催眠师发出暗示，受术者照样可以阅读、写作，有时可能效率更高、创造性更强。由此可见，将自然睡眠状态和催眠状态决不可混为一谈。

不唯自然睡眠与催眠状态在本质上有所不同，而且事实上要想把受术者从睡眠状态导入催眠状态，在难度上比从清醒状态导入催眠状态更大。对受术者的感受性要求也更高。对受暗示性较强的人，给予一定的暗示，可以使其很快转入催眠状态；对受暗示性较弱的人，可能非但不能使其进入催眠状态，反而会使之迅速清醒，使催眠师劳而无功。所以，睡眠催眠法，是一极不易应对自如，乃至炉火纯青的方法。具体施术过程是这样的：

催眠师专注精神，注意力高度集中，面对受术者，坐在其身旁。然后，用手掌对受术者作离抚（即不接触受术者身体的抚摸），十五六次以后，轻声呼唤受术者的名字，同时暗示说："你现在睡得很香，睡得很熟，不会醒来的。但是，你能够听到我的声音，听得很清楚。现在我叫你的名字，你就能答应，但是你不会醒来，肯定不会……"反复多次暗示后，两手由离抚而慢慢地接触受术者的额部，再轻轻地从身前到两肩，开始实施抚下法。行抚下法时，开始要轻，然后渐渐加重，再由重转轻。此刻，可举起受术者的双手，使之呈曲尺状。同时暗示受术者："你的手停在这里，不要动！也不能动！"暗示数次后，催眠师将手拿开。如果受术者的手臂果然不动了，那就证明他（她）已进入催眠状态。如果他（她）的手迅速下垂，那就证明催眠没有成功。

采用睡眠催眠法，受术者最好是已经接受过催眠术的人，并且应在施术前受术者清醒的时候就通知他（她）。这样受术者有了预期，感应性也将好一些。

十三　集体催眠法

集体催眠法是指由一位催眠师（或带一两个助手）给若干受术者实施催眠术。一般说来，受术者的人数以 10~20 人为宜，受术者的年龄以中、小学生为佳。

集体催眠法为催眠术的鼻祖麦斯麦的弟子所首创。当时是使用一种名为"扒开"的器械为工具。这种工具的形状类似于摇纱盘，有一个总端、20 个分端，每个端上都有手柄，供人抓握。催眠师紧握总端，所有参加集体催眠的人各执一分端。一旦催眠师将总端摇动，受术者则一起被导入催眠状态。这种器械当时曾轰动一时，但后来被科学家们发现：即使是对催眠术一无所知的人，也能用此法将他人导入催眠状态。于是，"扒开"的身价顿时一落千丈。

不过，正如麦斯麦的"动物磁气说"实属荒谬一样，"扒开"也是骗人的把戏。但他们于不知不觉之中运用的暗示原理，却被当代催眠师们继承下来并发扬光大。集体催眠法，现在已被认为是一种省时、省力且效果良好的催眠方法。

集体催眠法对环境的要求相对比较严格。它要求所使用的场所要安静，谢绝参观，禁止窥探，更不能有局外人来回走动。受术者可以坐成一个圆圈，也可以坐成一排。催眠师可站在他们中央或前面——要能够将暗示清晰准确地传达给全体受术者，并能够有效地控制全体受术者情绪的位置。催眠室应该关上门窗，使室内光线昏暗，从而可以减少无关刺激和稳定情绪。

施术之初，可以给受术者们讲述催眠的故事，或让他们观看催眠术的录像带，使其对催眠术有一个大致的了解，以便消除紧张、怀疑心理。如果讲述或让其观看的催眠资料与这些受术者们有相关之处，则效果更佳。例如：向中、小学生们进行集体催眠，可以讲述催眠师以前帮助某些中小学生解决各类问题的事例，像增进记忆、开发潜能、消除考试怯场、改正不良习惯等。这将会受到受术者们的高度欢迎。在讲述时，催眠师的态度既要庄重严肃，又要和蔼可亲；催眠师要注意使目光遍及所有的受术者，这一点至关重要。

具体实施步骤是这样的：

先做一些简单的体操动作，使受术者肩部、腰部的肌肉放松。此后，催眠师应留意所有受术者的呼吸。因为呼气时若能安静而且持久，全体受术者便能很快宁静下来，同时便于接受暗示。这时，催眠师可以与受术者进行谈话，以促进彼此间的感应与默契。

实施证明，在集体催眠中最有效的诱导法是后倒和闭眼。后倒的方法是：使全体受术者坐直身体，不相互接触；并要求受术者脚跟用力，闭上眼睛，当听到催眠师数数字到"三"时，立即往后倒。同时暗示："你可以毫无顾忌地倒下去，没有任何困难。"但是，为了防止受术者的反应过于强烈而突然往后倒，催眠师最初的暗示应语气和缓，一句一句地说出。这样，即使出现反应过于强烈的受术者，能给予保护。接着，再使受术者恢复直立状态，并睁开眼睛。刚才反应过于强烈的人，甚至倒下去的人可以让他们在一旁休息，其他人则继续进行。在进行了一段时间的后倒暗示以后，让受术者们坐下来，一起凝视某一物体，不断要求他们注意力高度集中。与此同时，对受术者进行闭眼暗示："你的眼皮现在非常沉重……非常想睡……眼睑沉重，正逐渐下垂，睡吧，闭上眼睛，进入愉快的催眠状态吧。"此刻，可能有一部分人达到了闭眼或半闭眼的状态，也有些人静静地闭上眼睛，也可能有些人睁着眼睛就进入了催眠状态，催眠师应注意用手协助他们闭上眼睛。

在大型的集体催眠中，催眠师应该巧妙地运用示范对象、数字、间隔时间、交互暗示以增加催眠功效。在任何一个随机选择的群体中，总会有些人很快就会进入催眠状态，而有些人迟迟没有反应，或反应不明显。所以，要找出一个人为基准，非常困难。如果催眠师以很快进入催眠状态的人为基准，进行一连串的暗示，其他人便很难适时地做出反应；反之，如果催眠师以较慢进入催眠状态的人为基准，那么暗示所费的时间就会很长，而且反应较快的受术者反而可能难以进入催眠状态。另外，催眠师在施术之前，必须确定欲使百分之多少的受术者进入催眠状态；然后再以此来诱导，等到进入催眠状态的人不断增加后，那些不曾反应的人就会受到影响，而逐步进入不同程度的催眠状态中。在集体催眠的过程中，催眠师更要一面给予所有受术者暗示，一面在受术者中间来回走动，以发现那些容易感染的人，对他们施以个别催眠的诸种方法，对他们加以表扬、鼓励，这既能使之尽快进入催眠状态，也能对其他人产生积极影响。心理学认为，人与人之间存在心理互动、行为感染。这种互动与感染又互为反馈、愈演愈烈。所以，集体催眠乍看起来难于个别催眠，其实，在某种意义上又有其优势，相互间的互动与感染往往能够把受术者导入催眠状态。最后，催眠师说："我发出一口令，如数数字，你们将全体进入催眠状态，谁也不会例外。"指令发出后，如若还有个别受术者尚未进入催眠状态，催眠师可用低沉有力的声音进行个别暗示，从而使全体受术者都进入催眠状态。

全体进入催眠状态之后，可以在催眠师的指导下开展各项活动，而觉醒后大家都全然不知晓。当然，一般来说，在集体催眠中，欲使受术者达到深度催眠是不大可能的，能到达中度催眠状态就比较理想了。

十四　觉醒法

当一个催眠过程结束以后，催眠师就要解除受术者的催眠状态，恢复到原来清醒的、有意识的状态之中。这是催眠施术过程的最后一步，也是极为重要的一步，对此，切不可掉以轻心。有时，受术者只进入很浅的催眠状态，甚至于几乎没有进入催眠状态，意识非常清晰，暗示也没有成功。尽管如此，催眠师仍要按照正规的操作程度，将其叫醒。不然，施术结束以后，受术者将体验到惊醒后的种种不适的感受。初学催眠者，要切记这一点。

（一）觉醒前的准备

在觉醒前催眠师要将先前所下的各种暗示全部解除。譬如，催眠师曾暗示过受术者"手臂上已丧失了痛觉"，此时就要再暗示他（她）又恢复了对痛觉的感受性。总之，要使其在各个方面恢复常态。

此外，必须暗示受术者在醒来以后，精神上将感到非常轻松、愉快、心情很好。身体的各部分运动自如，没有任何异样的感觉，只觉得非常舒服，好像痛快酣畅地睡了一觉。

（二）觉醒的方法

觉醒的方法有许多种，现分别介绍如下。

1. 手颤觉醒法

这是一种最安全、最普遍的觉醒方法。在施术完成以后，催眠师用两手分别按在受术者的两个肩膀上。十个指头颤动，愈颤愈快，并且愈压愈重。同时暗示受术者说："你全身的血液循环逐渐加快了，从心脏慢慢上升至头部，你的知觉也渐渐恢复了，你将从催眠状态中渐渐清醒。现在我的手指在你的肩头颤动，你的身心都会感到非常愉快。"

此刻，受术者可能立即睁开眼睛，从催眠状态中清醒过来，也可能是渐渐地醒来。还有可能是转化为强直状态，再由强直状态转化为深度催眠状态，再转为浅度催眠状态。这时，可继续暗示："你很快就会醒来，眼皮已经颤动了，两眼已渐渐睁开了，你感到身心都非常愉快，精神非常振奋，绝无头昏目眩、四肢疲乏等任何不舒服的感觉。"倘若受术者神情恍惚、似睡非睡、睡眼微睁，这叫做半清醒状态。像这样的情况时常发生，此刻就要大声暗示受术者说："醒来了，赶快睁开眼睛，不要再闭起来了。"一边说，一边用手重重地压着他（她）的肩膀，猛烈地振动，受术者必然会完全睁开眼睛，彻底醒来。

2. 心理觉醒法

在实施完催眠术以后，催眠师便将注意力再次高度集中，徐徐地依次进行心理觉醒的暗示："你的意识已逐渐清醒了，已经由深催眠状态转为浅催眠状态了，你的眼皮已经在眨动，即将醒来了。醒来以后你将精神抖擞，非常愉快。现在我来帮助你。"一边说着，一边用两手的大拇指轻轻地开启受术者双眼的上睑，并暗示说："现在你已经醒来了，请张开眼睛看我。"此时，受术者便转入清醒状态。请注意，在使用这种方法时，整个过程的时间不要太短，下限为 30 秒钟。过于迅速，受术者醒来后会感到头痛乏力。

3. 报数觉醒法

这是目前最为流行也是最为简便的方法。笔者在进行催眠实验时，多采用这种方法。实施过程是这样的：在受术者觉醒之前，先予以报数的暗示："现在我从'一'数到'三'，当我数到'三'的时候，你会突然醒来，迅速转移到清醒状态。"这一暗示以反复强调数遍为宜。另外要注意的是，喊"一"、"二"时，声音可较低，且拖长；喊"三"时，要短促有力、声音洪亮，以给受术者一个突然的强刺激，使之从催眠状态中解脱出来。

4. 拍掌觉醒法

首先暗示他即将醒来，并告之："你的觉醒过程是这样的：我第一次拍掌你将振奋精神；第二次拍掌你将睁开眼睛；第三次拍掌你将完全清醒。"然后依法而行，便能成功。

5. 冷热觉醒法

这种方法适用于为治疗疾病而做催眠术的人。如果是贫血症患者，可用热罩法，即以热毛巾敷其脑部；如果是高血压患者，可用冷罩法，即以冷毛巾敷其头部。无论是热敷还是冷敷，都将予以相应的暗示，使之感受到热或冷而觉醒。醒来以后，这些不同类型疾病的患者都将感到十分舒适。

第七章　自我催眠

一　自我催眠的特点

所谓自我催眠，即指自己诱导自己进入意识的恍惚状态，利用"肯定暗示"促使潜意识活动，从而实现治愈疾病、调节身心目的的一种技术。从理论上讲，它是完全可行的。因为，学者们几乎一致认为，催眠从本质上说是自我催眠。在他人催眠施术过程中，虽然是催眠师将受术者导入催眠状态，但从根本上说，还是受术者自己的意识在起作用。为什么有些人能够进入催眠状态而另一些人不能？有些人的催眠程度较高而另一些人则较低？原因就在于每个人的特质不同。

自我催眠具有以下特点。

（一）操作过程简便易学

自我催眠从开始到结束都完全由自身控制。唯一的条件就是不要在勉强状态下进行。熟练了以后，在任何时候、任何场合都可以进行。

（二）可避免催眠术的消极面

催眠术的消极影响之一就是会产生对催眠师的过度崇拜、依赖，甚至会发生移情现象（弗洛伊德就因此而放弃催眠术）。在自我催眠中，由于自己既是指令的发出者，又是接受者，不可能发生上述现象。当然，从技术层面讲，也增加了一定的难度，不过这种难度不是不能克服的。

（三）方便、快捷、节省费用

自我催眠还具有方便、快捷、节省费用的特点。通常，人们不是什么时候想得到催眠师的帮助就能得到。更重要的是，获得催眠师的服务需要一笔很大的开支，至少对于工薪阶层来说是一个不小的负担。

（四）功效的持久性与稳定性

自我催眠的深度一般较浅。如果说，治疗各种身心疾病，他人催眠具有不可替代的作用（因为那通常需要较深的催眠状态），那么在调整自我心态、提高身心效率、开发自我潜能等方面，自我催眠则有其独特的功效。就功效的持久性与稳定性而言，我们更看好后者。因为自我催眠可以借助意识领域向潜意识方向移动的功能，扩展心理的活动范围，达到客观观察自己的性格和欲望的状态，使之容易清晰地洞察自我，有效地调节自我。

二　自我催眠的施行条件

自我催眠的施行条件，大体如下。

——就场所而言，以选择宁静的场所为宜。以卧室比较合适。光线不要太亮，气温不高不低更为理想。倘若已达到炉火纯青的境地，那就在任何地方都可以，包括工作单位甚至公共汽车上都行。

——所在场所，关闭手机、电视以及其他可能的干扰源。最好不要有他人在场，如这一条件不能满足，也得明确告诉他人，自己现在有不被打扰的需要。

——对于初学者来说，宜在晚间沐浴后进行为最佳时刻。

　　——练习前最好不要服用兴奋性饮品，如咖啡、浓茶、酒等。身体也不要过于疲倦。

　　——在刚开始练习的时候，先要把皮鞋、领带、手表、胸罩、皮带等束缚身体的物件除去。施行自我催眠的姿势有仰卧式与坐式两种，无论采用哪一种姿势，总的要求是自己感到舒适、放松为准。

　　——良好的心理准备与平和的动机。自我催眠达成其目的的基本机理是身心的高度放松，心态不良或动机强度过高都会成为实现目标的主要障碍。只有心理准备充分、动机平和适当和真正放松，积极的暗示才会实现。这样一来，受到暗示的身体各部分，会毫无抵抗地顺着自己的意愿行事。身体的各部分若按照心中的想象运作，集中的程度不仅可以增加，而且催眠的效果也更为理想。

　　——练习的次数，最好一日三次，分别在早、中、晚进行。有些人工作、学习很忙，很难按部就班地进行。在开始时，可以一日一次，无论早、中、晚均可。基本上熟练并习惯了以后，就可以不拘地点和时间，随时都可实施。总之，重要的是养成每日必行的习惯。

　　——练习时间，初学者一次练习10分钟左右，熟练了以后，每次大约15分钟，时间不要过长，过长并不会增添多少效果。刚开始练习的时候，很难把握住感觉，易陷于焦躁情绪之中。但此时不论感觉如何，都应将标准训练程序进行完毕，按规定的时间终止练习。否则，就很难进入催眠状态。

三　自我催眠的程式

自我催眠的基本程式包括以下若干步骤。

（一）呼吸训练

平躺在地毯或床垫上，两肘弯曲，两脚分开8寸，脚趾稍向外背。对全身紧张区逐一扫描。将一手置于腹部，一手置于胸上。用鼻子慢慢地吸气，进入腹部，置于腹部的手随之舒适地升起。接着微笑地用鼻子吸气，用嘴呼气，呼气时轻轻地、松弛地发出"呵"声，好像在将风轻轻吹出去。使嘴、舌、腭感到松弛。作深长缓慢的呼吸时，体会腹部的上下起伏，注意呼吸时的声音愈来愈松弛的感觉。每次呼气时，请感受整个身体更深地陷于床中，愈来愈放松的感觉。

（二）躯体放松

躯体放松的方法与注意要点，可参见上一章中的躯体放松法。只是将指令的发出者与接受者转换成同一人；同时，要集中注意，反复体验躯体放松后的愉快的感觉。

对于初学者而言，如何达到放松状态是一个技术难题。这里介绍杰克逊的放松训练法，会有利于学习者达到较高程度的放松状态。方法如次：

- 握紧拳头……松开

- 拳头举到肩膀，握紧……松开

- 脸皮皱起来，眼睛向上看，舌头向上顶……松开

- 脖子收缩，肩膀耸起来……放下肩膀

- 深呼吸，吸气到肺部，让胸腹部放松

- 脚向前伸，脚尖下压……放松腿部

- 脚向前伸，脚尖上翘……放松腿部

- 让自己全身松弛

（三）重感练习

这里言及的重感，不是手上拿东西时的重感，而是指因放松而手足弛缓、下垂，且精疲力竭无法抬手的感觉。练习过程是：首先把注意力集中于右手臂（左撇子的人左手臂）、手掌、肩膀的部分，然后开始反复暗示 5~6 次："右手臂放松、右手很重……感觉很愉快……"左手亦依法而行。接下来是右脚、左脚也作如是放松、重感练习。两手、两脚各花 60 秒钟。"心情非常平静"的暗示适当穿插于各部位间转换的时候。这样，经由重感练习，全身肌肉放松、末梢神经得以休息，造成对脑减少刺激的效果，从而精神容易统一，达到轻松的状态。

（四）温感练习

在结束重感练习之后，重新把注意力转回到右手（左撇子者转回到左手），并对自己反复暗示 5~6 次："右手很温暖……左手很温暖……"接下来则是右脚和左脚。与前相同，"心情很平静、很愉快"的暗示穿插于其中。温感练习的目的虽然是进入催眠状态，但它同时还具备另一功能，即在重感练习使躯体放松时，促使末梢血管扩张、血液运行良好，进一步消除全身紧张，使心灵安静。同时让脑得到完全、充分的休息。

（五）调整心脏的练习

在心中反复暗示自己 5~6 次："心脏很平静地、按照正常规则在跳动着……"同时不断辅之以安静暗示："心情很好、很平静，心脏在有规律地跳动着。"这将使心脏的跳动舒适流畅，进而慢慢扩散到全身，或者反而不去留意它的跳动，渐渐进入催眠状态。

（六）腹部温感的练习

腹部温感的练习是反复自我暗示："胃的周围很温暖……"

一次 1 分钟左右。具体操作方法是：把手放在胸骨与肚脐之间，也就是胃的附近。手要轻轻地放在上面，不要有压迫感，在自己心中想象："从手掌中发出的热气，通过衣服深入皮肤里面，到达腹的深处，胃的周围感到很温暖……"与此同时，实施安静暗示："心情非常平静，感觉舒爽轻松……"大约经过两周时间的训练，就可以感觉到腹部有某种温暖感在自然扩散。有了这种温暖感，就表明你已经进入催眠状态了。

（七）额部冷感的练习

额部冷感的训练目的，是使控制、支配身体的自律神经活动顺畅。练习方法是，缓慢地反复自我暗示："额头很凉爽……"集中注意感觉凉爽的时间为 10~20 秒钟最为适合。此时，若在心中想象："微风吹动绿色森林的树梢……凉爽的微风抚弄额头……心情很愉快"，效果将更好。即使在生理上无"凉爽"感，而在心理上有"凉爽"的感觉，同样能够取得良好的效果。

（八）想象训练

积极的想象对人的身心都有很大的益处，在自我催眠状态下的想象效果则更佳。德国学者德克等在《自我催眠》一书中写道：

想象有许多有趣的作用。它能激化体内作用，使身体产生对健康有益或有害的生理反应。比方说，在自我催眠术中，偏头痛患者学会了去想象他们的手指和双手中的血液循环更通畅，由此，他们的血管在催眠状态下得到了放松，而由于血管局部麻痹所导致的疼痛也减少了。他们想象着，在相应的阀门处的大手轮被慢慢拧开了，手臂和手部的血管充满了血液，就像消防水管中充满了水一样。

德克等所提出的想象训练指导语也非常形象与凝练，兹录于下，供参考。

也许您已经通过调整呼吸使内心达到了平静，并为眼睛找到了一个固定点，您的双手也许已开始产生了麻木感。总之，在您觉得舒适之后，您可以任眼睑发沉，让您的思想进入另外的时间和空间。

请想象您正在进行登山漫步。走了一会儿之后，您的双腿已经找到了合适的速度。您自如地行走，不必考虑一只脚如何迈到另一只脚前面。您会感觉到鞋底正轻轻地向前移动，身体的重量从一条腿移到另一条腿，脚向上抬起。您还能听到周围的声音：在脚下沙沙作响的砂砾和石头，以及被您踩到的小树枝所发出的轻微的开裂声。树林中有鸟儿在啼叫，树叶间也许还有微风轻轻拂过。树林中的空气总是湿润而凉爽，你的面颊、双手还有额头都能感觉到这种湿湿凉凉的空气。您还能闻到老树叶和地面的气味，甚至还有冷杉和青苔的香味。

您越走越高，来到了一片草坪。您能辨认出其间不同的花草。这儿有高高的、长有细叶子的草，宽叶子的杂草，还有白色、黄色以及其他颜色的花儿。太阳晒在皮肤上，清新的空气拂过面颊和额头。你越登越高，空气逐渐变得稀薄、凉爽。您呼吸得更加自由。此时，若俯瞰下面的山谷，您会发现，那里的人影已无从辨认，奶牛和马看起来几乎一模一样，房子看起来就像玩具。如果您向远处眺望，则会看到山谷另一头的山坡。

在您登向高处的时候，您会越来越多地眺望远处。也许您会小憩一会儿，然后，您会看到更远处下一个山谷里的山。现在，请您躺到岩石或长椅上，感受太阳晒在皮肤上，抚摸您的皮肤，直至您全身都暖和起来。稀薄清冽的空气环绕在您的周围，就像一件护在您身上的轻纱。您开始感觉到，自己已属于围绕在您周围的空气中，而周围的空气也已经属于您了。

每次呼吸时，请将空气中的某些东西吸入体内，并将体内的某些东西交给空气。接着，请您继续登山。到达山顶后，您就可以完完全全地享受属于自己的宁静了。

（九）精神强化暗示

在经过了一段时间的上述若干感觉的训练与练习之后，在已经能够比较自如地进入自我催眠状态之时，人们则可以根据自己所存在的实际问题，进行精神强化暗示，从而促进自己的身心健康。心理治疗学家们通过大量的实践，提出了精神强化暗示的公式。实施自我催眠的人可根据不同的情况套用这些公式。公式共分为四种，即中和公式："……没有关系"；强化公式："……可以比……更好"；节制公式："……可以不要……"；反对公式："尽管别人……自己却不要……"这四个公式中，以中和公式最为常用，效果也最为显著。根据这些基本公式，可以按照自己的具体情况有选择地采用，从而有效地进行种种自我暗示，并借此调节身心。

（十）觉醒

与他人催眠一样，自我催眠时也一定要实施"觉醒"程序。即使是几乎完全没有进入催眠状态，也不能例外。"觉醒"的具体方法是：在训练终止时，心中从一数到十，规定在数到十的时候突然觉醒，并自我暗示醒来后感到轻松振奋。在数数字的过程中，以两手张合确认力量恢复。数到十时，两手上举，果断而坚决，并突然地伸直背肌。如果对这个觉醒过程有所忽视，会引发头痛、头昏、目眩、乏力等症状。

四　自我催眠术的功效

自我催眠术的效果虽然没有一般的催眠术那样神奇、那样富有戏剧性，但它的作用仍然不可低估。尤其是它方便易行，无须去看医生，随时能进行，从而备受人们的青睐。具体而言，自我催眠术的功效主要表现在以下几个方面。

（一）缓解压力

如今，压力大几成现代人的共同感受。虽然说压力有积极的一面，但过度压力则会导致一系列的生理、心理问题。在生理上，压力会导致免疫系统机能下降，抵抗病毒、细菌的能力降低；会使心血管系统超负荷，导致高血压和心脏病；骨骼肌肉长期紧张，造成腰酸背疼；不规律的饮食使得消化系统紊乱，容易腹泻或便秘。在心理上，高压力一般容易使人产生愤怒、焦虑、抑郁等负面情绪。

压力还会引起生理病变。许多研究发现，从事某些职业如医生、律师、法官、机械工程师、出租汽车司机等，特别容易患心脏病。因为承担威胁大的工作的人通常需要对他人高度负责，劳动强度高，有很强的时间紧迫感，常因不堪重负而引发心脏病。另外，研究人员也发现了压力与癌症有联系。尽管压力对健康的影响很难进行精确的描述，但大量的疾病与压力有关的事实却是毫无疑问的。

美国耶鲁大学心理学家布鲁斯·麦克尤恩在 1993 年对压力与疾病的关系作了评述，他列举了压力造成的种种后果：损害人体免疫机能，甚至加快癌细胞的转移；增加病毒感染的可能性；加剧血小板沉积而导致动脉血管硬化，以及加快血栓形成，导致心肌梗塞；加速Ⅰ型和Ⅱ型糖尿病的发作；还会引起哮喘病或使其病情恶化。此外，压力还可能导致胃肠道溃疡，引起溃疡性结肠炎或肠道的其他炎症。持续压力对大脑也会造成影响，包括损害大脑的海马回，进而影响记忆。麦克尤恩说，总的来看，有越来越多的证据表明，压力会使神经系统受到损害。

众所周知，压力最本质的特征、最显著的表现就是紧张；而催眠与自我催眠最典型也是最直接的功效就是放松。仅仅是放松本身，就是缓解压力的一种很好的方式。所有做过催眠术的人都有这样的体会：醒复以后，身心都有一种轻松、释然之感。如果在放松之后，再加上一些恰当的暗示指导语，那效果就会更好。我们在前面说过催眠的成功率不是百分之百，但催眠能够帮助人们减轻压力却是没有任何疑问的，唯一的差别只是程度的不同而已。

（二）改善自我状态

自我催眠术能有效地改善自我状态。人人都想获得自己理想中的成功，而任何意义上的成功，其先决条件都是要有一个较为完善的自我、一个心理健康的自我、一个具有高度自信心的自我。现代心理科学和教育科学都认为，非智力因素，即人的情绪、情感、意志、动机、人格等在人的成功中占有举足轻重的作用。缺乏自信、丧失自信心的人，即使有足够的能力，也不能取得应有的成功。在竞争异常激烈的现代社会中，就更是如此。

许多经常做自我催眠术的人认为，自我催眠术给他们最大的和最经常的帮助就是改善自我的状态。许多大公司的经理人员、即将面临重要考试的学生以及其他人，常常处于高度的心理疲劳状态之中，他们时时感到紧张、焦虑、头脑昏昏沉沉，思路很不清晰，情绪也烦躁不安。他们最大的愿望是埋头睡上三天，但事实上又不可能。这些人如利用工余课间的片刻休息时间，做上一次自我催眠，那么，他们的疲倦感、紧张感就会一扫而光，还会感到头脑清楚、耳目一新、精神振奋、心情愉快。一言以蔽之，通过简单的自我催眠施术，自我的状态得到了很大的改善。

（三）调整身体状态

自我催眠术能调整身体状态。现代医学模式认为，生理与心理是相通的，有着密切联系的。生理上的疾病可能会引起心理上的变化，而心理上的变化也会引起生理上的变化。有鉴于此，通过心理活动来调节生理状态完全是可能的，特别是在催眠状态下更是如此。经由自我催眠来调节生理状态并能取得良好效果的例证有许多。

譬如，许多人乘车、乘船、乘飞机时会发生眩晕、呕吐现象。有时即使是事先服药也无济于事。但自我催眠术却可以从根本上解决问题。具体方法是，在自己已进入催眠状态，额部凉感出现以后，以想象法与精神强化暗示相结合，进行自我训练。在训练了数周以后，在生理上和心理上都会于潜移默化之间增加对乘车（船、飞机）眩晕的抵抗力，而达到克服晕车、晕船的目的。

想象法的训练是这样进行的："我现在正在乘汽车……路况很不好，车颠簸得很厉害……外面似乎吹着微风……似乎又闻到了浓浓的汽油味……这味道使自己很难受……颠簸和汽油味使我感到很不舒服……有要呕吐的感觉……不过没问题……我还是能够承受的……对了，现在开始做腹式呼吸……呼吸很轻松……令人厌恶的颠簸的感觉和汽油味已逐渐消失……心情很平静……没有问题了……窗外吹来一阵和风……抚弄着我的面颊……外面的景色非常绚丽……青山绿水令人赏心悦目……决不会再晕车了……再乘其他任何车也不会有问题……我现在的心情特别好……"

数数后醒来。这种经诱发想象出不适的情景，再经精神强化暗示的中和公式、反对公式而产生对该情景的"忽视"，然后再通过正面的、积极的暗示想象对自己予以肯定的做法，在许多生理状态的调节中都有显著的效果。

　　另外，其他一些身体上的毛病，如头痛、肩酸、面部痉挛、风湿症、尿频症等，经过自我催眠，也会得到不同程度的改善。自我催眠不仅可使病态的身体能有不同程度的康复，而且也能使身体焕发出巨大的力量。据报道，韩国的运动员在每天晚上临睡之际，都要想象一番自己与主要的对手争夺时的情形，以及自己是如何战胜对手的。据说这不仅可以增加自信心，而且也利于体内各种能力的生长与发展。

（四）调整情绪状态

　　自我催眠术可以调节人们的情绪状态。人类有三种基本的情绪状态，即心境、激情与应激。心境是一种较持久的、微弱的、影响人的整个精神活动的情绪状态。心境具有弥散性的感染性，它常常不是关于某一件事的特定的体验，而是在一定时期使人的一切活动都染上同样情绪色彩的心理现象。心境可分为良好的心境和不良的心境。不良的心境使人萎靡不振、消沉灰心，对周围发生的任何事情都表现得淡然冷漠，甚至会出现"行宫见月伤心色，夜雨闻铃断肠声"的情形。并影响到工作效率的提高。

　　激情是一种强烈的、短暂的、暴发式的情绪状态。它是由对当事人具有重大意义的强烈刺激或出乎意料的事件引起的。它具有不顾周围环境而突破一切障碍的力量以及不顾可能出现严重后果的特点。在激情状态下，人的认识范围缩小，自控能力降低，往往不能正确认识和评价自己行为的意义和后果。不言而喻，消极的激情对人有害无益，有必要予以控制。

应激是指出乎意料的情境所引起的情绪状态。这种紧张情景会惊动整个有机体，迅速改变机体的激活水平，使心率、血压、肌肉紧张发生显著变化，使情绪高度应激化。应激状态可能会使人有效地处理所面临的出乎意料的紧张情境。但若长期处于应激状态会击溃一个人的生物化学保护机制，使人的抵抗力降低，易受疾病侵害，甚至还有可能导致死亡。

要之，情绪状态对人的认识、生活、身体都有着重大的影响。因此，调节自身的情绪状态是人生的课题之一。自我催眠术可以有效地帮助人们解决这一课题。

例如，有些人总是情绪低沉、抑郁，对生活丧失信心，终日受消极心境的支配与制约。而欲从中解脱又苦于不能。如果他（她）对自己实施了自我催眠术，在进入催眠状态以后，精神强化暗示就能对调节情绪状态有所作为。可利用中和公式对自己反复暗示："×× 情况的发生是正常的、自然的，在人生的道路上难免要遇到的。所以没有什么关系，不必把它看得过重。今后会逐渐好起来的……"也可以利用强化公式对自己进行反复暗示："虽然现在由于 ×× 情况使自己身陷窘境，但是也不全是坏事。如果我自己如何如何对待这情况，也许将来会因祸得福，出现更为令人可喜的情况。所以现在不必难受、伤心，重要的是振奋精神……"

如果是性情暴躁，情绪难以控制，经常与别人发生冲突，则可在进入催眠状态后，利用精神强化暗示的节制公式："今后遇到容易激怒自己的情况时，要特别注意克服，要冷静，绝对不要发火。待心平气和以后，再处理面临的情况……"还可以利用反对公式："尽管别人激动了，对我有非礼或过火的表现，可我自己却不要为对方的情绪所感染……还是要冷静、理智地对待现实……"

第八章　三种催眠状态及检测

　　对于催眠师来说，明白无误地知晓典型的催眠状态无疑是一项最基本的素质。唯有明白无误地知晓典型的催眠状态，催眠师才能了解受术者已经达到了什么样的深度，是否可以进行疾病治疗或开发潜能的阶段。倘若缺乏这一方面的知识，催眠施术则将陷于盲目的状态。有鉴于此，这里将详尽地描述三种催眠状态，即浅度催眠状态、中度催眠状态和深度催眠状态。

一　浅度催眠状态

（一）浅度催眠状态的表现

　　在浅度催眠状态中，受术者会有如下一些表现。

　　从意识的清晰度来看，受术者的意识清晰度有较明显的下降。受术者肌肉松弛、全身乏力，有一种迷迷糊糊类似于通常似睡非睡的感觉。但是，此时的受术者仍然保持着较高的认识能力与警觉、批判能力。对外界以及自我的意识仍然比较清晰。因此，在这一阶段，催眠师的暗示如失当或超前，将引起受术者的抵抗。

　　从记忆方面看，即使催眠师暗示受术者记不住，但受术者回到清醒状态以后，仍能回忆起整个受术过程中的所有事情。

　　在浅度催眠状态中，最突出、最典型的表现是观念运动。这就是经由催眠师的暗示诱导，受术者在意念上的运动引起实际上的运动。这种实际上的运动又进一步加强了原来的观念运动。就这样互为反馈，愈演愈烈，导致受术者的受暗示性愈来愈强，注意力愈来愈集中，进而一步一步被导入催眠状态。有的学者指出，观念运动是从觉醒到催眠的中间环节和必经桥梁。此言极是！我们说，对受术者进行观念运动暗示，既是检查受术者是否进入浅度催眠状态的手段，同时也是将受术者导入更深催眠状态的方法。

　　在浅度催眠状态中的观念运动大致有以下几种表现。

1. 读心术

　　具体方法是，在桌子上凌乱地放一些物品，有书、文具、水果等等。受术者站在桌前，握住催眠师的一只手。此时，催眠师以强烈的意念想着某个物品，而受术者就能够伸出另一只空着的手拿起这一物品。这绝非天方夜谭，也非迷信活动，而是观念运动中的一种常见形式。

2. 想象中的金属物摆动

用一根 30 厘米长的线系住一金属物，线的另一端命受术者用手提起，悬空提在玻璃杯当中。然后，要求受术者集中意念想象这一金属物会自然摆动起来，撞击杯壁，发出响声。若受术者依法而行，系在线上的金属物就会自然摆动起来，发出叮叮当当的声音。若一面做着，一面嘴里说着，效果则更佳。

3. 肌肉运动的自由控制

在浅度催眠状态中，经过催眠师巧妙的诱导，可自由控制受术者的肌肉运动。

譬如，催眠师暗示受术者："你的两只手现在感到很重、很沉，不想动了，一点也不想动了……"在反复暗示并达到效果以后，再接着暗示："现在你的右手慢慢地、自然而然地变轻了，愈来愈轻了……手一点一点地被吸引靠往天花板的方向。瞧，已经开始动了，轻飘飘地，轻飘飘地向上举起来了……"若受术者随着催眠师的暗示语而动作，便证明观念运动已经奏效了。

又如，受术者坐在椅子上，两手放在膝盖上，催眠师暗示道："你的手将慢慢地从膝盖上滑下去。"受术者往往也会依言而行。

还有一种方式，就是让受术者直立，催眠师站在他（她）的身后。催眠师从受术者的后面将手伸到受术者的眼前，要求受术者凝神直视他的食指，并下指令："尽量不要眨眼，持续地看着我的指头。"几分钟后，催眠师又说："现在我把手拿到后面去。在我把手向后拿的同时，你的身体也将慢慢地向后倒。"在反复几遍这样的暗示后，催眠师就极为缓慢地将两手挨近受术者的脸，几乎碰到受术者的面部。再左右分开，从受术者的外眼角开始，通过鬓角的旁边，逐渐加快速度往后拉。此时，受术者会发生后倾现象，即产生观念运动。有时，催眠师也可根据实际情况把手放在受术者的肩上，稍稍地向后拉引，以进一步加强效果。

有时，催眠师不一定通过言语暗示，而是通过动作暗示，也能引起受术者自由的肌肉运动。这种运动在清醒状态下亦有可能，在浅度催眠状态中则更为明显。

譬如，令受术者睁开眼睛，催眠师以自己的手掌慢慢向其眼前移去，做出要推的示意动作，受术者也会向后侧去。再如，要求受术者模仿催眠师的一些突然的或者是滑稽的动作，受术者也能迅速准确、惟妙惟肖地模仿。

在浅度催眠状态中，受术者所表现出的观念运动的种种，事实上是注意力已经高度集中了的折光反映。这是因为，由观念引起运动，需要将注意力集中在此观念上。当全部注意力贯注于某一观念上时，会很自然地引起运动。一旦引起运动，注意力就会集中在运动上，其他观念则自然会受到抑制。要之，观念引起运动，运动强化观念，彼此互相作用、互相影响。所以，只要引起一点点观念运动，就会沿着这一线索发展下去。若催眠师再作适当的暗示诱导，观念运动将愈演愈烈，从而出现受暗示性亢进的现象。

当再现上述表现之时，便证明受术者已进入浅度催眠状态。这时，催眠师予以继续诱导，使受术者进入更深的催眠状态，也可进行心理疾病的治疗或潜能开发的工作。因为，对于以治疗和开发潜能为目的，并非以表演为目的的催眠施术来说，有时当受术者进入浅度催眠状态就可以进行了。当然，一般是以进入中度催眠状态为宜，而且效果也比较好。

（二）浅度催眠状态检测

1. 眼皮沉重

暗示语：

你的眼皮现在非常沉重，不想睁开，完全不想睁开，但是非常舒服……你的眼皮好像被胶水粘上了，越是想用力睁开，反倒闭得越紧……非常沉重，怎么样也睁不开……好的，你现在可以试一下，睁开你的眼睛，使劲、再使劲……

评分：

0 分——不知不觉中睁开眼睛。

1 分——眼皮粘住，有沉重感，不过经过智力还是可以睁开的。

2 分——不想睁开眼睛，一直闭着。

3分——想睁开眼睛，事实上却无法睁开。

4分——想睁开眼睛，反而闭得更紧。

2. 手臂沉重

暗示语：

现在你让全身保持放松、以你感到最舒适的姿势坐着（或躺着）。将注意力集中于右手手臂（左利手者则将注意力集中于左手手臂）……现在在你的右手臂开始有沉重感，整个手臂显得愈来愈重……更加沉重，非常沉重，整个手臂好像灌满了铅似的。你的手臂现在一点也不想动、完全不想动。没法能把手臂举起来。你的手臂不能动了，想举起手臂，可是一用力以后，反而更加沉重……你试试看，你抬抬你的手臂看……使劲、再使劲……

评分：

0分——没有什么感觉，手臂伸举自如。

1分——手臂确实有沉重的感觉，不能举高，但努力尝试后，仍可举起。

2分——不想举高手臂，努力尝试，仍举不高。

3分——即使想举高手臂，也举不起来。

4分——想举起手臂，但举不起来，努力尝试后，反而更感觉手臂沉重。

3. 手指交握

暗示语：

请你伸出两手，张开手指，互相交握，全身保持放松状态……现在，请将你的注意力高度集中在交握的手指上，不要有任何杂念。渐渐地，你会感觉到手指上的力量愈来愈大，两手握得非常紧、愈来愈紧……现在，你的手指不能伸直，也不能分开，愈是想用力分开两手，反而握得愈紧……你试试看，将两手分开，使劲，再使劲……

评分：

0分——没有什么感觉，随时可以轻松地将两手分开。

1分——确实感觉到两手紧握，不能分开，但是经过努力尝试后，还是可以分开的。

2分——不想分开两手，也不能分开。

3分——想分开两手，事实上却无法分开。

4分——想分开两手，事实上却握得更紧。

4. 手臂僵硬

暗示语：

现在你的左手臂侧横举，左手握成拳……手臂伸直，握紧拳头……把注意力高度集中在举起的手臂上。此刻，你想象你的手臂变得僵硬……越来越僵硬……渐渐变硬……变得非常僵硬……你再注意举起的手臂的感觉，手臂已经变得非常非常僵硬了，好像一根铁棒那么坚硬，完全不能弯曲，一点也不能弯曲，愈是努力想弯曲自己的手臂，手臂反倒显得愈坚挺……你试试看，自己的手臂还能不能弯曲……使劲，再使劲……

评分：

0 分——没有什么感觉，想弯曲手臂时，可以伸展自如。

1 分——感觉到手臂僵直、不能弯曲，但是经过努力尝试后，仍然可以弯曲。

2 分——不想弯曲，也不能弯曲。

3 分——即使想弯曲手臂，但客观上也无法弯曲。

4 分——即使想弯曲手臂，但事实上却变得更加僵硬。

5. 腰部僵硬

暗示语：

请你尽量采取自己感到舒适的姿势，坐在椅子上（或躺在床上）。全身放松，再放松……渐渐地，你感到背部很温暖，腰部周围也有一股暖流在奔涌……请体验，请体验这种温暖的感觉，继续体验……接下来，你开始感到全身很沉重，身体好像十分疲倦，腰部逐渐有沉重的感觉。整个人好像粘在椅子上（或床上）似的……非常沉重，愈来愈沉重……想要从椅子上站起来（或从床上坐起来），但事实上却无法办到。越是想站（或坐）起来，腰部的沉重感就愈大、愈强烈……好的，你现在可以试试看，站（或坐）起来……使劲，再使劲……

评分：

0 分——可以很轻松地站起来（或坐起来）。

1 分——感觉上似乎不能站起来（或坐起来），事实上还是可以站起来（或坐起来）。

2 分——不想站起来（或坐起来），客观上也无法站起来（或坐起来）。

3 分——即使在主观上想站起来（或坐起来），可事实上却无法站起来（或坐起来）。

4 分——主观上想站起来（或坐起来），但客观上腰部反而变得更加沉重、僵硬。

浅度催眠状态检测得分，见表 8-1：

表 8-1　浅度催眠状态检测得分统计

项目　　得分	0	1	2	3	4
眼皮沉重					
手臂沉重					
手指交握					
手臂僵硬					
腰部僵硬					
总得分					

经验公式：

0~5 分：无反应状态。

6~8 分：初期反应状态。

9~11 分：边缘状态。

12~14 分：进入状态。

15~20 分：高度进入状态。

二　中度催眠状态

（一）中度催眠状态的表现

中度催眠状态的表现比较显著，许多催眠表演也就是在受术者呈现出中度催眠状态表现时进行的。因为，这些表现已经足够神奇且令人吃惊的了。

从意识状态来看，进入中度催眠状态的受术者，其意识场已大为缩小，呈朦胧恍惚状态，认识能力、批判能力和警觉性已显著降低，像机器人一样，几乎是绝对地听从催眠师的指令。与此相应的是，自主能力、有意识行为也不复存在。但有时也会出现抵抗催眠师指令的现象。另外，在有些情况下，意识的清晰度呈跳跃状态，摇摆于觉醒与催眠之间。

受术者在醒复以后对整个催眠过程无法回忆，但有时也会出现零星的、片段的记忆。我们认为，能记住的部分内容，可能是处于觉醒状态阶段所发生的事情。

在中度催眠状态中，受术者心理上最为明显的变化表现在知觉方面。具体表现如下。

1. 幻觉和错觉的出现

在中度催眠状态中，经由催眠师的暗示，受术者可能出现幻觉，或者是错觉。所谓幻觉就是知觉到实际上不存在的事物；所谓错觉就是对客观事物不正确的知觉。在正常的清醒状态中，由于客观条件的作用，有些错觉，如几何图形错觉的出现是正常的；而幻觉的出现，则说明身心方面出现了这样、那样的问题。在中度催眠状态中则不然。由于意识场的极度减弱，催眠师已经完全控制了受术者，换言之，受术者的意识已被剥夺。所以，幻觉与错觉的出现就不足为怪了，也不能认为是身心疾病的缘故。至于出现什么样的幻觉与错觉，几乎举不胜举。可以说，只要催眠师指出存在什么，受术者就能"看到"或"听到"什么。

譬如，如前所述，给受术者一杯清水，却告诉他（她）这是糖开水或啤酒，受术者就能感受到糖开水的甜味或啤酒的清香。催眠师拿来一把椅子，告诉受术者，这是你妈妈，受术者也居然笃信不疑。有一位催眠师拿了一只筷子，告诉受术者那是一根烧红了的火签，然后放到受术者的胳膊上，他果然感觉到很烫，并即刻将手缩了回去。触摸到的部位则出现烫伤的痕迹，而且与常态下的烫伤毫无二致。基督教徒所称的"圣痕"事实上就类似于这种情况。圣痕是指基督教徒们在想起耶稣被钉在十字架上的悲剧情景时，有些人可能手心和脚心会像耶稣那样流血。然而，这既非荒诞，也当然不是什么上天的旨意，而是由于宗教的力量与催眠术有暗合之处。

这种幻觉和错觉的另一变式，就是知觉不到客观存在的东西。科学家们把它称为消极的幻觉。在中度催眠状态中，这种消极的幻觉亦有表现。

2. 痛觉的消失

在中度催眠状态中，如果催眠师暗示受术者身体的某一部分痛觉消失了，特别是在语言暗示的同时加以抚摸，受术者的痛觉就会基本或完全消失。此时，无论是用针扎或用手掐，受术者都将毫无感觉。催眠术在施术过程中，常用此作为检查受术者状态的手段。在临床上，对于有些不适宜使用药物麻醉的病人，在实施手术时，常利用催眠中痛觉消失的现象作为镇痛手段。特别是在产妇分娩和牙科手术中经常使用，并收到了较好的效果。其实，中度催眠状态中的痛觉消失，并不仅限于表层皮肤，黏膜同样可以。喉咙的痛痒等感觉，亦可借助于催眠术而消失。

3. 感觉过敏

感觉过敏即指受术者在中度催眠状态中，经由催眠师的暗示，某些感觉变得特别灵敏，超过了正常的感觉能力，似乎感觉阈限大大降低。例如，有人曾做实验，将手表放在离受术者2米远的地方，受术者依然能够听到手表嘀嗒嘀嗒的响声。而在一般情况下，在几厘米以外的地方放置手表，人们就不能听到手表的响声了。为什么能产生这种现象？其中原因尚未探明，有人认为，这是由于在催眠过程中全无杂念、注意力高度集中的缘故。

前几年，耳朵识字、手触摸认字一类的特异功能颇为流行，是真是假，众说纷纭。据国外的有关材料报道，在催眠实验中，催眠师令一位女性受术者闭目仰卧，给她几张从未见过的名片，让她试着以手指的触觉去辨认。她的判断相当准确，连名片上的住址、电话号码等小字都能"读"出来。

4. 肌肉强直

几乎在所有的催眠表演中，都出现肌肉强直这一节目。因为它既令人不可思议，又无任何作假的可能。肌肉强直的呈现是这样进行的：催眠师先令受术者攒紧拳头，使手臂肌肉紧张，手臂呈 90 度状，催眠师用力拉其手臂，如未能将其手臂拉平，则证明受术者的肌肉紧张度颇高，具备了全身肌肉强直的可能性。然后，暗示受术者全身肌肉紧张。如催眠师在暗示某一部分肌肉紧张的同时，用手触摸该部位则更好。不一会儿，受术者全身肌肉绷紧，坚硬如铁，只有腹部肌肉依然松软，没有紧张。若是表演，可用两条凳子，分别将受术者的腿部和肩部搁在上面，这时，在受术者的腹部站上一个人也无妨。这里要特别提醒读者注意的是，切不可只将受术者的颈部或头部搁在凳子上，那有可能产生头颈部骨折的事故。另外，在表演完毕后，一定不能忘记暗示受术者全身肌肉放松，恢复到正常状态。

5. 自动书写

在中国，有一种源远流长、至今仍时有出现的迷信形式，这就是"扶乩"。具体做法是，在一根长约 1 米的圆棒中央放一根 20 厘米长的木棒，使之成为"丁"字形。横棒两端各由一人扶住，用竖棒的棒尖在装满沙子的沙盘上写字。扶棒的两人中以一人为主动者，另一人为助手。据搞迷信活动的人称：在这种情况下神与人便可沟通交流，上天的旨意通过持棒者的手书写下来。

果然，持棒者于无意识之中写下了所要求得的答案，以及对未来的预测。这种方法，常使观者和当事人不得不为之折服。

还有一种与之相类似的情况。那是以桐木或杉木制成的心形木板，约厚 1 厘米，长 20 厘米，宽 15 厘米。心形木板的前面两侧各装上 3 厘米的脚，在后侧的尖端部分开一个小洞，插上铅笔，再加上前端的两只脚，合计有三只脚。手放在上面，板子会自然移动。实验者待被试内心平静、注意力高度集中后，命令他"动！"最初，被试人画出的是一些无意义的图形，不久就有可能画出有意义的文字和图案。实验者若对被试提出一些问题，被试的手会无意识地移动，画出相当于答案的文字。这一方式后来也为迷信活动所采用。

果真是上天"显灵"吗？否！现代心理学已经揭示出它的奥秘，这是在无意识状态中所产生的一种名为"自动书写"的现象。这种现象，可以经过训练而产生。而在中度催眠状态下，则可能自行出现，唯一的条件是催眠师下一道指令。

在这里想顺便提一下，自动书写现象对于某些心理疾病的治疗是很有用处的。美国催眠术权威莱斯利·勒克龙指出："人手自动写字可能是研究潜意识心灵、取得信息的理想途径。必须了解，潜意识只知道现在正在引起情绪障碍和心身疾病的原因。这正是我们想获得的信息。在人手自动书写中，可以对潜意识提问，回答会通过书写表示出来。有时潜意识甚至可能自动提供信息。"因此，在临床上，催眠师常常通过受术者的自动书写来窥探受术者意识不到的、隐藏在潜意识中的、形成其心理病变的关键因素。

在中度催眠状态中，受术者的认识能力、批判能力已显著下降，自主能力、警觉性已几乎不复存在。然而，在有些情况下，在有些受术者身上，意志的支配作用和具有反暗示性的伦理防线间或还能起一定的作用。如前所述，若催眠师要求受术者做一些严重违反其人格基本特征或伦理观念的事，可能会遭到拒绝，反复暗示，有可能会使之惊醒。这说明，在中度催眠状态中，受术者还残余一些自我支配能力。当然，并不是所有的受术者都是如此。

（二）中度催眠状态检测

1. 幻味（酸）

暗示语：

现在，你开始想象酸梅的味道，你的眼前摆着许多酸梅。你将注意力高度集中于口腔，你会发现你的口腔里渐渐变得酸起来，好像吃了酸梅一样。现在你的嘴巴里愈来愈酸……继续将注意力集中于你的口腔，继续体验口腔里愈来愈酸的感觉……继续体验，好的，现在你的口腔里"酸"的感觉愈来愈强烈了……

评分：

0 分——没有任何酸的感觉。

1分——感觉上是有点酸，可是并没有什么酸味。

2分——不知道是什么味道，可能是酸味。

3分——有酸味，但其感觉并不强烈。

4分——在表情上、主观上，都明显呈现出有酸味的反应。

最后要说明一点：幻味的检测不仅仅是幻酸一种形式，幻甜、幻咸、幻苦等均可。这里仅是以幻酸为例。

2. 幻嗅

暗示语：

现在，请你在头脑中想象香水，在你头脑中呈现出一个情景，即在你的面前摆满了许多芳香浓郁的香水。此刻，请你将注意力高度集中于鼻子中，你会发现你的鼻子渐渐地"闻"到一股香味……你再来仔细地感觉，你的鼻子闻到了很香、很香的气味，在你的头脑中也感觉到非常芳香的气味了。请你一定要集中注意力，仔细地闻、一定能闻到……好的，现在你告诉我，闻到香水的气味没有？

评分：

0分——完全没有香水味的感觉。

1分——感觉上是有点香，可是并没有闻到香水味。

2分——不知道是什么气味，好像有香味。

3分——有香味，但是感觉并不十分明显。

4分——在表情上、主观上，的确闻到了香味。

3. 幻触

暗示语：

现在你全身再次放松，彻底地放松……好的，请将你的注意力高度集中于手臂，渐渐地，你感觉到你的手臂有点痒……愈来愈痒，非常痒……继续体验，继续体验手臂很痒的感觉……现在你告诉我，你的手臂是不是很痒？

评分：

0分——完全没有痒的感觉。

1分——感觉上似乎有点痒，但实际上并不痒。

2分——没有什么确切的感觉，似乎是有点痒。

3分——不太清楚手臂的感觉是什么，可能是痒的感觉。

4分——在表情上、主观上，都明显体验到了痒的感觉。

4. 幻听

暗示语：

刚才你一直想着其他事情，没有注意听外面的声音。现在你静下心来，仔细地听外面的声音……仔细听，一只苍蝇正在你的周围"嗡嗡"地飞着，渐渐地飞过来了，向你的耳旁飞来……"嗡嗡"的声音非常嘈杂，飞得愈来愈近，声音愈来愈大……非常嘈杂，令人不堪忍受……你不用着急，仔细地听，一定能听到……现在你告诉我，你有没有听到苍蝇发出的"嗡嗡"的声音。

评分：

0 分——完全没有听到苍蝇"嗡嗡"的声音。

1 分——好像是听到什么声音，但实际上并没有。

2 分——没有什么确切的感觉，好像是听到了什么声音。

3 分——声音不太清楚，好像是听到了苍蝇的声音。

4 分——在表情上、主观上，确实感到苍蝇"嗡嗡"的声音非常嘈杂。

5. 幻视

暗示语：

现在，请你想象眼前有一片宽广的草原，在远处可以看到淡淡的、朦胧的山峰，天空中没有一丝云彩，蔚蓝色的天空一碧如洗……接下来，把你的视线转移到草原上，草原非常辽阔，草地碧绿如茵。你再走近看，前面的花园里，盛开着许多美丽的花朵，万紫千红，美不胜收，多么美丽的花啊！……现在，请你集中注意力，仔细看清花的颜色、形状。再仔细一点看，是不是看见了花的颜色和形状？花的颜色和形状是什么，请你告诉我。

评分：

0 分——完全没有看到任何东西。

1 分——好像是看见什么，其实什么也没有看见。

2 分——不太清楚，好像是看见了什么东西。

3 分——不太确定，可能是看见花了。

4分——的确是看到了花的形状和颜色，并能描述出来。

中度催眠状态检测得分，见表8-2。

表8-2 中度催眠状态检测得分统计

项 目　得 分	0	1	2	3	4
幻　味					
幻　嗅					
幻　触					
幻　听					
幻　视					
总得分					

经验公式：

0~5分：无反应状态。

6~8分：初期反应状态。

9~11分：边缘状态。

12~14分：进入状态。

15~20分：高度进入状态。

三 深度催眠状态

（一）深度催眠状态的表现

在深度催眠状态中，受术者的意识场已极度缩小，注意力已达到了最高度的集中，除了与催眠师保持有效的感应关系外，对其他刺激毫无反应。面部表情呆板，毫无生气，绝对地服从催眠师的指令。与此相比较，在中度催眠状态中，受术者或可能拒绝或可能延缓或可能部分改变催眠师的指令。道理很简单，这是由于意识状态不同的缘故。

在深度催眠状态中，受术者的典型表现如下。

1. 记忆的变化

在深度催眠状态中，受术者的记忆能力会发生显著的变化。这种变化是双向的，既可能是记忆能力全部丧失，也有可能是记忆能力极度高涨。

先说记忆能力的丧失。

在浅度或中度的催眠状态中，受术者在清醒以后，能够几乎全部或部分记住在催眠过程中所发生的事情。但当受术者进入深度催眠状态，在觉醒后，基本上是无法回忆起催眠过程中所发生的任何事情，呈完全性遗忘。唯一能够知晓的是极为舒服、痛快地睡了几个小时，感到精神抖擞，情绪高涨。对于某些心理疾病的治疗来说，这种对催眠过程中所发生事件的遗忘是必要的。如果记住这一过程，对疾病本身的康复不利，还有可能会投下新的阴影。所以，在催眠过程中，催眠师的治疗完毕以后，一般都要作出暗示，要求受术者忘记催眠过程中所发生的事件。

从另一方面看，在深度催眠状态中，经由催眠师的暗示，受术者的记忆能力会极度高涨。在一次催眠实验中，催眠师要求一位学中文的女大学生记住 5 个她从未听说过的、以外国人名命名的心理学名词，她记得非常牢固，尽管只听了一遍。笔者也曾做过类似的实验，结果与上述事例基本相同。据专家们分析，之所以会产生这种记忆能力亢进的现象，是由于在深度催眠状态中不像在正常的清醒状态下，有过多的杂念和干扰以及人们天生的惰性，也不会因各种无关刺激的作用而妨碍注意力的高度指向与集中。换言之，在深度催眠状态中，"神经噪音"大大降低，信息传导畅通无阻，故而能够铭记在心，令人难忘。

治疗学家们还发现，利用深度催眠状态中记忆能力亢进的现象，治疗神经症，效果很好。因为，造成神经症的原因，常常是一些过去的经验，特别是会激起强烈激情状况的经验。在催眠状态中，经由催眠师的暗示，可使受术者回忆起最初的体验。于是，当时的激情会逐渐淡薄，从而有助于神经症的治疗。

2. 人格转换

人格是什么？定义起码有 50 多种，最为简明的说法是：人格是人的特点的一种综合。人格也是一种心理现象，人有表现于外的、给人印象的特点，也有在外部未必显露的、可以间接测得和验证的特点。这些稳定而易于分阶段的特质模式，给人行为以一定的倾向性，它表现了一个由表及里的、包括身心在内的真实的个人——人格。由此可见，稳定性是人格的一大特征。"江山易改、本性难移"，就是这个意思。

然而，在深度催眠状态中，能够使受术者的人格转化为他人的人格，甚至转化为动物。譬如，催眠师暗示受术者是歌星，受术者仿佛就像歌星似的，边跳边唱起来；暗示他（她）是政治家，马上就能以伟人的姿态，发表施政演说。有位催眠师曾做出这样的实验：暗示 A 少年"你是 B！"然后，喊出他的朋友 B 的名字时，A 就会开始表现出 B 的态度、声音和外表上的一些显著特征。你问他的名字，他会回答自己是 B。问他住在哪儿，如果他先前知道 B 的住址，就会据实回答。给人的感觉，他就是 B。可是，问他出生年月和兄弟姐妹名字时，这些答案 A 原先不知道，于是便以自己的出生年月，再凭空想象出几个名字。苏联的催眠师曾暗示一受术者：你现在就是列宁，你现在以列宁的身份来作画。结果，受术者所作的画中，果然有列宁的风格。我们认为，列宁风格的获得不能简单地看作技法上的相似，而是受术者的人格转换成了列宁的人格。当然，这也是有条件的，若这位受术者对列宁的人格浑然不知，这种转换当然不可能。

另外，把受术者由人的人格转换为动物的特性也不是完全不可能的。催眠师暗示受术者变成了鸟，展开翅膀，在天空翱翔。受术者就会以双臂作翅膀，上下摆动，在屋里转圈子。甚至暗示受术者变成了狗，他也会在地上爬。这近乎恶作剧了，如不是因实验所需，催眠师是不会这样暗示的。如下了这样的暗示，也会严格保密。

利用深度催眠状态中的人格转换现象，可以矫正一些比较顽固的人格障碍。如偏执型人格障碍、分裂型人格障碍、自恋型人格障碍等。这些人格障碍的矫正在通常情况下是不容易的。由于在深度催眠状态下人格可以转换，因而可通过令其扮演正常人格的角色，而最终为该角色所同化。

3. 年龄变换

年龄变换，可视为人格转换的一种特殊形式。受术者可以倒退到童年时期，也可延展到老年时期。需要指出的是，这种年龄变换并不是实际上的年龄倒退或延展，而是角色行为的变化，即受术者表现出童年期的角色行为或老年期的角色行为。

有些人认为年龄倒退的现象，就是使受术者恢复所暗示的年龄当时的记忆，并按此付诸行动。这是一种误解。有位催眠师让一位 40 多岁男性的年龄倒退到 6 岁。对他说："这里是幼儿园，你唱一首歌吧。"结果，受术者并没有唱起他童年时代所唱的歌，而是唱了一首他女儿（正在幼儿园）所经常唱的一首歌。这首歌在他的童年时期是没有的。由此可知，这位受术者是于无意识中自行采取了符合催眠师所暗示的年龄和这一年龄所特有的思想与行动。换言之，这种年龄倒退，并不是让受术者回到往昔，而是与人格转换一样，采取了某一种"角色行为"的表现。

诱导年龄变换的方式多种多样。可以通过数数法进行，催眠师说："现在我倒数你的年龄，随着我的数数，你就会逐渐变得年轻起来。现在开始：30、28、26、24……"最后在哪个年龄阶段停止，就会有那个年龄阶段的表现。年龄延展的方法亦如此。还可以通过呼吸法进行，即催眠师说："现在我让你进行深呼吸，每呼吸一次，你的年龄就减去一岁。我让你停止深呼吸的时候，你就处于那一个年龄阶段。现在开始……"

以上介绍了受术者在深度催眠状态中的种种表现。一般说来，对于治愈大部分身心疾病和潜能开发来说，是没有必要将受术者导入这种深度的催眠状态的。并且如果催眠师的道德品质不良，还有可能利用受术者的深度催眠状态进行违法犯罪活动。因为，在这种状态下进行催眠后暗示，受术者在觉醒后会毫不犹豫地去执行，并且全不知晓是谁指使他（她）这么做的。在西方国家中，经常可以看到利用催眠术进行性犯罪、盗窃活动、伤害他人等的案例。前面所说的"海德堡事件"便是最典型的一例。

（二）深度催眠状态检测

1. 年龄遗忘

受术者坐在椅子上，催眠师站在受术者的后方，用两手轻轻夹住受术者的头部。

暗示语：

我现在开始数数。从一数到十，一面数数，一面把你的头向左右轻轻摇晃（伴之以实际动作示范）。

在我数数的过程中，当我数到三的时候，你会渐渐地想睡觉；数到五的时候，你就会进入很深的睡眠；数到七至八的时候，你会感觉到头部愈来愈轻，好像各种记忆都渐渐地淡化了；等我数到十的时候，说一声"好！"再把放在你头部的手拿去，这时，你头脑中原有的记忆将完全消失。

好的，现在我开始数数。一、二、三，你开始想睡觉了……四，非常想睡……五，你已经睡得很深了，并且睡得很舒服，只是我的话你还听得很清楚……六……七……你的意识已经模糊不清了……八，你的头脑里现在一片空白……九，记忆逐渐暗淡……十（同时将手放开），许多记忆都已完全消失。

好的，现在我确信，你已经忘记了自己的年龄，完全忘记了，肯定回忆不起来，不会错的。你试试回忆自己的年龄，然后告诉我。

评分：

0分——并没有忘记自己的年龄，可以很轻松地回想起来。

1分——感觉上似乎是忘记了，但努力回想，仍然可以想起来。

2分——不想努力去回忆，事实上也回答不出来。

3分——努力想去回忆，但客观上回忆不出来。

4分——惊讶自己竟会忘记自己的年龄，肯定地回答：想不出来。

2. 姓名遗忘

受术者坐在椅子上，催眠师站在受术者的后方，用两手轻轻夹住受术者的头部。

暗示语：

下面我要从一数到五，当我数到三的时候，你的记忆力逐渐模糊，数到五的时候，我说一声"好的"，然后放开放在你头部的双手。这时，你的记忆力将完全丧失。

现在我开始数数。一、二、三，你的记忆力已变得十分模糊，四，你的记忆力已经消失了，五（同时放开放在受术者头部的双手），你已经忘掉所有的事情了，什么也回忆不起来……你已经忘掉了自己的姓名，不管花多大气力、用什么方法都回忆不起来……愈是努力回忆，遗忘得愈是彻底，你已经完全忘掉了自己的姓名……你试着回忆你的名字，你到底是谁？请告诉我……

评分：

0分——并没有忘记，可以很轻松地回想起来。

1分——感觉上好像是忘记了，可是经过努力回忆，仍然可以回想起来。

2分——不想努力去回忆，也回忆不出来。

3分——即使努力去回忆，也回忆不出来。

4分——努力去回忆，却无法回忆出。发现自己忘记自己名字时感到很惊讶，并不假思索地回答：已经完全忘记了自己的姓名。

3. 年龄倒退

暗示语：

请你注意过去的时间，我们从昨天的事开始。昨天的晚餐你吃了什么？午餐吃了什么？请你想想看。昨天早晨你做了些什么事？请你仔细想想看。然后，请你回想学校毕业典礼的情况，只要想想你记得的事情就可以了。毕业典礼的那天发生了什么事？你穿了什么样的衣服？当天的心情怎么样呢？请注意！现在我要求你恢复当天的那种心情……接下来，时光开始倒流，你的年纪越来越小，身体也逐渐缩小，像一个少年……现在，你只有 10 岁、11 岁了，你真的感觉到自己回到小时候了……

时光继续在慢慢地倒流，你的年龄也愈来愈小。你刚到进小学的年龄，你的确是个可爱的小男孩（或小女孩），你今年几岁？……站在你旁边的人是谁？你知道是谁吗？……好的，你现在变得更小了，全身都在缩小，手脚变短，像婴儿一样，请你看看你周围的一切，看看你旁边的那个大人……那个大人正把你抱起来，抱在怀里……你已经回到了婴儿时代。现在我要求你看清楚抱你的那个人是谁？什么样子？穿的什么衣服？……你正在做什么？正在想什么？……请你把这一切都告诉我……

评分：

0 分——不像暗示语所说的那样，能回想起往事。

1 分——回想起过去的事情，感觉到一些幼年时期的气氛。

2 分——只有被暗示的部分可发生倒退，而且倒退的情况不能自动出现。

3 分——运动并不像幼儿那样，可是，自动想象年龄倒退的情况，可以随意进行。

4 分——说话的口气、动作、态度，都像幼儿一样。

4. 负幻视

暗示语：

现在，请你睁开眼睛，眼睛可以睁大，并能看清周围的物体。但是，你并没有恢复清醒状态，你仍然处于很深的催眠状态中……请仍然保持全身放松的状态，睁开眼睛，看你面前的桌子（在桌子靠受术者的右前方处，放了一张纸，纸上放了一枝铅笔。在桌子靠受术者的正前方处，又放了一枝铅笔）。

催眠师指着桌子上的纸说："请看这张纸……再闭上眼睛……接下来，请睁开眼睛，你已经看不见那张纸了，而且你完全不知道那张纸的位置，早就看不见了……"

催眠师一面说一面把纸放在受术者正前方的铅笔下，右边的铅笔就直接放在桌子上。

好的，现在你再次睁开眼睛，仔细地看桌子上，你已经看不见纸了，只看到铅笔，你知道有几枝铅笔吗？……现在，请你把没有垫纸的铅笔拿起来。请注意，就拿没有垫纸的铅笔，然后交给我……

评分：

0分——没有什么特殊的变化，很自然地拿起了没有垫纸的铅笔。

1分——好像没有看见纸，其实是看见了，却故意选没有垫纸的铅笔。

2分——虽然没有拿纸上的铅笔，可这是反复比较后的结果，好像是故意忽视了纸的存在。

3 分——没有发现纸的存在，拿起了纸上的铅笔。

4 分——注意那张纸，却无法看见，拿起了纸上的铅笔。

5. 后催眠暗示

暗示语：

现在，请你再度保持放松的姿态。我马上要把你叫醒，使你恢复清醒状态。在你恢复清醒状态以后，你很难回想起在催眠施术过程中我所说的话以及你所做的事。在你记忆中留下的只是非常痛快地睡了一觉。

下面，我要开始数数，从十倒数到一。数到五的时候，你的眼睛会睁开，但是还没有恢复到清醒状态；数到一的时候，你才能完全清醒。醒来以后 5 分钟，我要用铅笔轻轻地敲桌子。一旦我敲桌子，你就会从你现在坐的椅子上站起来，走到前面的一把椅子旁。虽然你不明白为什么要这么做，但你必须这么做；这么做的原因你不知道，是谁要求你这么做的原因你也不知道，但你必须这么去做。

现在我开始倒数数：十、九，你开始慢慢地醒过来了；八、七、六、五，好的，你的眼睛可以睁开了；四、三、二、一，现在你已经完全清醒了。请继续坐在椅子上休息一会儿。

评分：

0 分——什么也没有做，也没有任何感觉。

1 分——想起被要求移动的位置，可是实际上没有动。

2分——确实有想移动到另一把椅子旁的意向，但实际动作没有发生。

3分——从原先坐的椅子上站了起来，可该动作在中途停止。

4分——如暗示语所要求的那样，站起来走到另一把椅子旁，但自己仍不知为何要这么做。

深度催眠状态检测得分，见表8-3。

表8-3 深度催眠状态检测得分统计

项目 \ 得分	0	1	2	3	4
年龄遗忘					
姓名遗忘					
年龄倒退					
负幻视					
后催眠暗示					
总得分					

经验公式：

0~5分，无反应状态。

6~8分，初期反应状态。

9~11分，边缘状态。

12~14分，进入状态。

15~20分，高度进入状态。

第九章　催眠术与疾病治疗

至少就现阶段而言，催眠术的主要应用领域是治疗各种身心疾病，或者是与其他疗法相互配合治疗各种身心疾病。本章择要介绍若干种身心疾病的催眠疗法。

一　失眠症

不了解催眠术的人常常会产生一种误解，认为催眠术就是催人入睡的技术。其实，催眠术的应用范围绝不仅仅是治疗失眠症。但催眠术也确实对失眠症的治疗有较好的疗效。

失眠症有多种多样的类型，包括难以进入睡眠状态、睡眠中途醒复后再也无法入睡、整个夜间都处于半睡眠状态之中等。

在治疗失眠症的过程中，催眠师要注意的问题是：其一，没有必要将受术者导入很深的催眠状态，只要进入浅度催眠状态就可以了。其二，直接地诱导受术者进入催眠状态的暗示往往效果不一定好，而帮助其全身及心理上的松弛则显得特别重要。如果受术者的全身心能处于松弛状态，他们自然就可以安然入睡了。

暗示诱导的程序如下。

——请将你的注意力高度集中于脚尖，渐渐地，你会感到双脚的力气消失了……你感到非常舒服……继续体验，继续体验双脚力气消失后的舒服的感觉……

——请将你的注意力高度集中于双膝，渐渐地，你会感到双膝的力气也消失了……两条腿不想动，完全不想动……感到非常舒服，双膝再放松……继续体验双膝力气消失后的舒服感觉……

——请将你的注意力高度集中于腰部，摒弃一切杂念，体验腰部力气消失的感觉……腰部的力气在渐渐地消失，非常舒服……你继续体验腰部力气消失后的舒服的感觉……

——请将你的注意力高度集中于肩部，肩部肌肉放松、再放松……肩部的力气消失了，渐渐地消失了，继续体验，继续体验肩部力气消失后的舒服感觉……

——请将你的注意力高度集中于颈部，颈部肌肉放松、再放松……颈部的力气消失了，渐渐地消失了，继续体验，继续体验颈部力气消失后的舒服感觉……

——请将你的注意力高度集中于双手，渐渐地，你的两只手上的力气消失了……完全消失了，两只手感到很重，但又非常舒服……继续体验，继续体验双手力气消失后的舒服的感觉……

——好的，你的全部身心现在都已经完全松弛下来了，感到非常轻松、非常舒服……现在你的眼皮很重、很重……你现在任何杂念都没有了……你想睡了……你真的很困了……你好好地睡吧！

失眠症不是十分严重的人，也可以利用自我催眠的方法来诱导自己进入催眠状态。其整个过程与上述程序基本相似，只是自己既是指令的发出者，又是指令的执行者。

二　神经衰弱症

神经衰弱症的致病原因，大致包括以下几种：用脑过度、房事过频、睡眠不足、烟酒中毒、手淫等等。如果是属于用脑过度、睡眠不足、烟酒中毒等原因形成的神经衰弱，那就是属于脑髓神经衰弱，具体症状有：头重、头痛、焦躁、情绪不稳定、神经过敏、健忘、失眠、多疑多惊、食量减少、便秘、四肢发冷等等。如果是属于房事过度、手淫等原因，就是脊髓性神经衰弱。具体症状有：肌肉疲劳、下肢痉挛、关节酸痛等等。也有一些神经衰弱症的患者属于二者兼而有之的类型。

治疗前，应首先详细询问患者症状、自我感觉、病史等等，再通过各种检测手段确定其类型。然后，在此基础上进行催眠治疗。具体方法如下。

首先将患者导入中度催眠状态。导入以后，可以用直接暗示的方法消除其症状，也可加上按摩、安慰剂等方式以加强其效果。具体暗示指导语是："你现在睡得很深、很舒服……我知道，你患有神经衰弱症，现在我给你做治疗。经过我的治疗，你的症状就会消除，你的疾病就会痊愈……我来给你按摩头部，按摩以后，你的头痛、失眠、健忘等症状就会自然消失……非常舒服，你现在非常舒服……你现在头脑很清晰，没有任何不适的感觉，今后也不会有头痛、精神不振、四肢无力的感觉了。醒来以后，你会感到精神振奋、状态良好……"之后，可观察患者面部表情上的反应：如出现轻松、安适的表情，则表明暗示已达到效果，便可再发出一些肯定性的暗示以加强效果。如："你的神经衰弱症已经治愈，所有的症状已经消除殆尽，今后也不再会发作，肯定不会的！没有任何疑问的！"

一般说来，在实际治疗过程中，进行一遍这样的暗示远远不够；尤其是前一部分的暗示指导语，应反复强调多遍，方能取得比较好的疗效。所以，在将患者导入催眠状态之后，还需30分钟的时间，让患者反复接受指令、体验感觉。症状较轻而感受性比较高的患者，一般经一两次治疗后即可见效；反之，症状较重而感受性又比较差的患者，则要经过一个疗程 10 次左右的催眠治疗才能痊愈。

三　消化不良及厌食症

引起人体内消化不良的原因有很多，诸如过饿或过饱、饮食没有规律、冷热饮食混杂、血亏、肺痨、手淫、纵欲、烟酒过度、神经衰弱等等。具体表现症状是腹胀、胃酸过多、茶饭不香、食量减少、腹痛、便秘等等。

在治疗过程中，首先要做的是找出诱发消化不良症的具体原因。因为这和催眠过程中的暗示语直接相关。找到处于核心地位的病因之后，将受术者导入中度催眠状态，在中度催眠状态中进行暗示治疗。

暗示分三个步骤进行。暗示的第一个步骤，旨在去除疾病发生的原因。譬如，如若消化不良是由神经衰弱而引起的，那就着重暗示其神经衰弱的症状消失；若是由其他原因引起的，则以相应的暗示指导语予以消除。这样的暗示要反复进行多次。暗示的第二个步骤，是对肠胃功能的肯定："你的胃液和肠液的分泌非常旺盛，所以消化能力非常强，这一点不用怀疑……"暗示的第三个步骤，是对其消化能力的进一步肯定和激励："由于你的消化能力已转为正常，因此肚子常常会有饥饿的感觉，食欲大增……"严格按照上述程序进行暗示治疗，一定可以收到良好的效果。

厌食症较之消化不良症病情则更加严重一些，患者常常无法进食，一吃下去就要呕吐。由于无法获取能量，患者面黄肌瘦、精神不振，体内各种机能都受到影响。对于厌食症的催眠疗法一般也是分为三个步骤：（1）暗示——暗示其有饥饿感；（2）回忆——回忆在未发病时，吃喝美味佳肴的情景；（3）幻想——幻想面对美食，垂涎欲滴的情景。

我国著名催眠师、苏州广济医院的马维祥医生曾用催眠疗法为一位严重的厌食症患者彻底解除了痛苦。这位患者是女跳高运动员，平时食欲极佳，因担心发胖影响跳高成绩，故而节食减肥。谁料，欲速则不达，不久她便得了厌食症。三个月她未进粒米，吃什么吐什么，变得面黄肌瘦，全身乏力。转诊各大医院，未能缓解病状，只得靠注射葡萄糖和吃水果维持生命。后来，慕名来到马维祥医生那里接受催眠治疗。在深度催眠状态中，马医生首先对她进行饥饿暗示，并描述佳肴丰餐、味美可口的宴会情景。然后，再反复下指令要求她回忆以前每次运动后，狼吞虎咽、津津有味地聚餐的场面。与此同时，给予强有力的直接暗示："现在就想吃了，你的肚子已经很饿、很饿了，现在就吃吧。"这位女运动员毫不犹豫地按照马医生的指令，立即津津有味地吃起饭来。接下来，马医生又暗示道："事实已经证明你想吃饭，也能够吃饭，因此，今后你也不会有厌食表现了。醒来以后，你能像平时一样正常地吃饭，你的厌食症已经完全治愈了……"催眠施术结束后，患者果然康复如初。

四　偏头痛

所谓偏头痛，即指头部的一侧发生剧烈的疼痛。这一侧的眼球也会随之疼痛，有时眼球也会很突出，视力受到影响。伴随着偏头痛，有时候还有恶心、呕吐等发生。据有关资料介绍，偏头痛在人群中的发病率为 15%~25%，其特点是间歇性，经常是严重的头痛，通常从头部的一侧开始并扩散到整个头部。

诱发偏头痛的原因，有器质上的，也有心理上的。根据研究发现：心理上的原因可能更为重要。因为临床实践表明，大多数偏头痛的患者都有着相似的人格特征和情绪特性。譬如，偏头痛的患者中，尤其是女性患者，常常怀有对受压抑的敌意、愤怒、欲求不能满足、对他人怀仇恨等情绪。这些情绪不但不能够表现出来，而且也不被承认，因而被牢牢地压抑在潜意识中，当压力过大时，这些情绪则通过其变式——偏头痛的方式表现出来。再如，偏头痛患者的人格特征中，一般都存在着"完美情结"，即有一种强烈的追求完美的倾向。如果发现任何事情未能达到他（她）所满意的程度，就会感到非常痛苦。例如，衣服等生活用品一定要放在固定的位置，室内必须保持十分清洁，稍有差错，便一定要矫正，否则就会感到十分不适。同时，还会对搞乱物品的人大加指责，内心还感到非常愤怒。尽管这种倾向十分明显，但自己对自身存在这种倾向予以坚决否定。

目前已有多种治疗偏头痛的化学药物，许多患者也常常服用。我们认为，这些药物大多数属于镇静剂类型，它们对偏头痛的缓解确有一定的效果。但是，这种药物只能"治标"——起缓解作用，而致病的根本原因却无法因此而消失。解决根本原因的途径只能是心理疗法。所以，催眠术亦能在此发挥独特的效应作用。

偏头痛的催眠治疗，既可以采用他人催眠的方法，也可以采用自我催眠的方法，下面对这两种方法分别予以介绍。

（一）他人催眠的方法

第一步工作仍然是将患者导入催眠状态。然后采用宣泄和暗示其态度改变的方式来彻底解除病因。

先说宣泄法。

在精神分析学家们看来，将自己的观念、愿望、欲念、需求、痛苦、烦恼、焦虑、冲突等压抑在心头而不流露出来，并不意味着问题已经消失了，不复存在了，这种心理能量若不发泄出来而郁结在心底，将会导致内心世界更大的紊乱与紧张，从而以各种"变式"来表现自身心理上的疾苦，这就产生了光怪陆离的心理疾病和心因性的生理疾病。人们在日常生活中常犯这样的错误，即劝别人不要哭、不要有难过的表现。然而，哭与难过的表现正是一种有益于身心健康的宣泄，是心理上的安全阀门。

另一方面，我们还需看到，在清醒的意识状态中，有些问题、倾向、情绪人们根本就不愿意承认，更不用说自己有目的地将它宣泄出来了。在催眠状态中则不然。由于意识场的极度狭窄，所有的禁忌已不复存在，各种防卫的闸门已统统打开，受术者可以将平时郁结在内心的种种欲求、需要、痛苦、焦虑等毫无禁忌、淋漓酣畅地尽情吐露出来。通过这种尽情的吐露，压抑在心头的心理能量可以得到充分的释放，如释重负，从而体验到一种前所未有的快感。从最低限度来说，心理疾病或心因性生理疾病的症状可以大大减轻。因此，无论从任何角度来说，宣泄都不失为一种治疗心理疾病或心因性生理疾病的有效手段，在催眠状态中的宣泄则更是如此。

具体的催眠暗示指示语是：

> 你现在已经处于很深的催眠状态之中，你的潜意识已完全开放。我知道，你有偏头痛的毛病，而这一毛病是由心理因素所引起的。平时，你有种种痛苦、欲求的不满压抑在心底，它们就是引起偏头痛的根本原因。现在，你能够、你也需要将这些痛苦、欲求统统说出来。你说吧，现在就说……

这时，受术者会毫不犹豫地说出压抑在潜意识中甚至自己都不知道的种种心理上的疾苦。在他们说出来以后，再继续暗示：

你已经全部说出自己的疾苦了，这很好，现在我要求你哭，痛痛快快地、毫无顾忌地大哭一场，现在就哭。好的，开始哭吧……

在受术者哭了一段时间以后，命令他停下来，再给予一些使之平静、愉快的暗示指导语。

再来谈谈暗示态度转变的方法。

以上谈到诱发偏头痛的另一重要的心理因素是人格中完美情结的存在。那么，如果能够消除这一情结则意味着铲除了致病的一个重要心理因素。不难想象，倘若我们能够改变患者对待生活、工作和他人的要求过高和刻板的态度，这一情结也就能够消亡了。由于在较深的催眠状态中可以和潜意识直接对话，催眠师便可用直接暗示的方式改变受术者的态度。用句形象化的话来说，就是将潜意识中原先的某种态度"取出"，将新的正确的态度"移入"。具体暗示指导语是：

我已经查明，导致你头痛的一个重要原因是你的人格中有一种强烈的、追求完美的倾向，你对自己、对工作、对生活、对他人的态度总是要追求尽善尽美。事实上，这是不可能的。今后，你能够接受一些似乎看不惯的事情，遇到这样的事情你不会过分着急，而是能够泰然处之，因为你认识到，世上的事本来就不可能尽如人意……

（二）自我催眠的方法

如果头痛的病症不很严重，采用自我催眠的方法也能够予以解决。自我催眠的导入方法在前面的章节里已经有所介绍，这里只讲针对偏头痛的自我催眠疗法。

实施自我催眠，开始以仰卧的姿势比较合适，一旦习惯后任何姿势都无妨。标准训练以全身弛缓和腹部的温感为重点。由于额部凉感的练习牵涉头部血管的收缩，所以在实施时既要慢又要慎重。时间以 20~30 秒为限，暗示指导语为"额头很凉爽"或"额头很轻松、很舒服"。万一这种额部凉感的练习使头痛增强，可以"颈部到肩部很温暖"的暗示来代替。要绝对避免"额头很冷"或"像冰一样冷"一类的刺激性暗示，因为它有可能会造成强烈的头痛或目眩。

在标准训练结束以后，进行如下幻想法：

> 我正在一个寂静的森林里……慢慢地坐下，舒服轻松……寂静的森林……森林青翠迷人，令人神怡……温暖阳光照射在我的肩膀、背部……森林里的微风令人舒爽地抚弄我的额头……头部很轻松、清爽……心情越来越平静……醒来以后，心中也会很舒畅……头也不会再痛了。

数数后醒来。

在迈克尔所编《心理催眠术》一书中记载，阿拉丁在 1988 年回顾了催眠疗法治疗偏头痛的效果，即将诱导温暖、手套镇痛（麻醉）、直接暗示改善等催眠技术和单纯放松治疗进行了比较。共 50 例患者（每组 10 人）经过 10 周治疗，治疗组还通过听磁带进行"家庭作业"，增强治疗效果。第五组是候选名单控制组，作为对照组。研究大约进行了 13 个月，表明诱导温暖组一般较直接暗示组和手套镇痛组效果好。与放松组相比，诱导温暖组在治疗期间控制偏头痛的发作次数和强度方面要好些，但追踪研究发现两组无差异。暗示组和手套镇痛组患者在随访前有表现出复发的趋势。所有四组被试的治疗效果都比对照组好。结果说明，任何使交感神经唤醒降低的措施都对偏头痛的神经—血管机制发挥作用。温暖是一种交感神经反应，催眠性放松可以降低唤醒水平。说明这些治疗措施优于药物治疗，且没有副作用。

五　晕车（船）

晕车（船）的原因既可能来自生理因素，也可能来自心理因素，在更多的情况下则可能是两种因素兼而有之。从生理方面来看，是由于耳部深处掌管方位、平衡感觉的半规管在不规则颠簸下过度兴奋、引起自律神经失调，对内脏造成副作用而引起的。从心理方面来看，则是消极的心理暗示所致。譬如，听别人说乘坐长途汽车或海轮非得晕车（船）不可，或者是在乘车（船）的时候，看到别人晕车（船），自己也觉得心里难受。通过催眠疗法，引起晕车（船）的身心两方面的因素都可以得到控制与矫正。

他人催眠法和自我催眠法都对晕车（船）的治疗有所帮助，下面分别予以介绍。

由催眠师实施的他人催眠法是这样进行的：首先将受术者导入催眠状态，在催眠状态中要求受术者进行想象，想象晕车（船）时的情景。具体暗示指导语是："你现在正在乘坐汽车，因为道路不平坦的缘故，所以车子颠簸得很厉害。你看，车子又在颠簸了……当车子颠簸的时候，你的情绪受到了影响。同时，浓烈的汽油味更使你心里感到难受……你体验，体验这种晕车时的难受的感觉……"

接着再对受术者暗示："现在你虽然想避免晕车，但愈是这么想晕得愈是厉害。我来帮助你，只要你按我说的去做，你就会渐渐地感到舒服起来。首先，你要深呼吸，深深地呼吸两三次……要趁车子颠簸的时候深呼吸，同时身体也随车子的颠簸而摇晃。只要你这么做，你的情绪就会渐渐地稳定下来。现在，我从十倒数到一，我每倒数一个数，你的情绪就会稳定一点。当我数到一的时候，你的情绪就会完全稳定。肯定是这样，不会错的！"

数数结束后，再继续暗示予以强化："现在虽然车子很颠簸，你的身体也摇晃不定，但你的心情却一点也不受影响，而是在尽情地饱览窗外迷人的景色……从此以后，你绝对不会晕车，感到乘车旅行是一种享受……"

晕船的自我催眠治疗亦如法炮制，只要改动一些具体词语即可。自我催眠法的实施过程是这样的：以腹式呼吸使心情平静，再进行弛缓法、温感法的标准练习，在轻松的气氛中渐渐进入催眠状态。在额部凉感的练习后，进行想象法的训练（详见第七章中所述想象法训练程式）。

每日1~2次实施行为想象疗法，持续数周以后，生理上和心理上都会于潜移默化之中增加对乘车（船）眩晕的抵抗力，从而达到克服晕车、晕船的目的。

六　遗尿症

人人都有尿床的经历。但是，如果在五六岁以后仍然经常尿床，就应被看做遗尿症了。遗尿症是由什么原因引起的？这其中，生理因素和心理因素掺杂在一起，约有10%的儿童的遗尿症是由泌尿系统的生理缺陷、神经系统疾患或尿道感染所引起的；而大部分儿童以及青少年的遗尿症，则是由紧张不安的心理因素所致。例如：受惊吓、环境改变、过度疲劳、家中有婴儿诞生、失去母爱、双亲有忧郁的习性、排泄训练的失败、不正确的教养方式与教养习惯。更为重要且直接的心理因素是，儿童偶有夜尿行为，父母便严加斥责，事实上，这将成为由偶然的遗尿行为到遗尿症出现的直接动因。而大部分家长却往往没有意识到这一点。要之，在心理学家看来，所谓遗尿，就是以儿童内心深处的某些事件为原因，以症状表现出来的现象。目前比较普遍的看法是：儿童遗尿症不过是当儿童对家庭产生害怕、内心不自在或情绪混乱时，所形成的一种防御机能。例如，双亲的注意力没有或无法集中到该儿童身上时，在某些情况下，儿童也会以夜尿现象作为获得安心及安全感的手段。当然，这绝不是儿童有意识的行为。

如果儿童的遗尿症症状不是那么严重，可采用类催眠与自我催眠相结合的方法予以治疗。治疗程序如下：

夜间不叫醒孩子。

不可责备孩子尿床（虽然做到这一点不容易，但必须这么做）。

对孩子尿床的事不要大惊小怪，要装作无所谓的样子（这一点也不容易做到，但必须这么做）。

不对孩子做一些消极暗示，例如"你不要喝那么多的开水，否则夜里会遗尿"。而且，也不要有意无意地限制孩子喝水的量。

哄孩子睡觉时，如发现他（她）握着的小手已渐渐松弛（这意味着孩子已经有了睡意），这时，父母不妨对他（她）进行暗示："如果你想小便，自然会醒过来。接着，自己上厕所去小便，再回到床上去睡觉，你不会再尿床了。"像这样连续两三天直至一个星期不停顿地暗示以后，孩子就不会再尿床了。不过，如果失败了，也千万不要去责备孩子。应当继续进行暗示："下次你不会再尿床了，如果你想小便的时候，自己会到厕所去。"总之，切忌打骂和责怪孩子。

如果是初中以上的孩子还有遗尿的症状，就可以让孩子进行自律训练法。进入自我催眠状态后，暗示自己左右手逐渐温热起来……左右脚逐渐温热起来……胃的四周逐渐温热起来……肚脐周围逐渐温热起来……然后，对自己施予强烈的自我暗示："今晚无论我睡得多么熟，一定会自然醒来去上厕所，只要膀胱一充满就肯定会这样的。所以，再也不会尿床了，肯定是这样的……"

当然，如果症状比较严重、孩子的紧张不安感颇为强烈，就要请催眠师采用他人催眠法了。对于遗尿症来说，以睡眠催眠法疗效比较显著。所谓睡眠催眠法，就是在受术者处于睡觉状态中时，对之实施催眠术。具体做法是这样的：

当受术者处于熟睡状态之后，催眠师来到他的床边，静坐几分钟后，实施离抚法。简言之，催眠师将手放在离受术者面部几厘米的地方，作抚下运动，反复十余次后，催眠师开始发问："你叫什么名字？快告诉我。"如受术者未醒复而能回答，则证明双方的感应关系已经接通。受术者已由正常的睡眠状态转入催眠状态。接下来便可进行暗示诱导。这种暗示诱导方式与目的在于条件反射的建立，即在膀胱充盈与进入醒复状态之间形成暂时神经联系。具体暗示语是："现在你处于催眠状态之中，我正针对你的遗尿症进行治疗。我已经清楚地知道，你的遗尿症的产生，并不是你固有的一种生理障碍，只是高度的紧张不安才导致这种症状的产生。现在，我要求你把内心的紧张与不安统统发泄出来……你可以说，也可以哭，好的，现在就开始……"

在其充分宣泄之后，催眠师再以坚定的、无可怀疑的语调暗示受术者："今后，你再也不会有遗尿的现象了……一旦膀胱充盈，你立即就会醒来——肯定是这样的，不会错的……"

在给儿童实施遗尿症治疗时，还要注意一个问题：由于儿童的紧张源往往来自他们的双亲，所以，有经验的心理治疗学家常常在对儿童进行治疗的同时，还对他们的父亲或母亲进行治疗，消除其父母的紧张与不安。这样双管齐下，方能收到良好的效果。否则，即使儿童的紧张与不安在催眠状态中被消除了，父母的紧张与不安仍然存在，继续对儿童产生消极的、不利的暗示，那么儿童的各种症状（当然也包括遗尿症）就有再次复发的可能。

七　疼痛

疼痛几乎是所有的人都曾有过的一种经验。过去，人们认为疼痛完全是一种生理现象，控制它的唯一办法就是利用药物。随着人类认识的深化，愈来愈多的科学家开始接受一种新的理念，那就是疼痛是多维的心理生物社会经验，包括客观的感觉输入、情绪因素（如痛苦、恐惧、期望、心境、焦虑、紧张、暗示、记忆、动机）和社会成分（如文化和环境影响）。这表明，疼痛既是客观的，也是主观的；既有生理因素，也有心理因素和社会因素。正由于疼痛有主观性的一面，且与心理因素、社会因素有关，故而催眠术具有发挥其独特作用的广阔空间。事实上，自有催眠术以来（甚至可以追溯到更为久远的类催眠术时期），催眠术就与镇痛紧密联系着。迄今为止，依然在镇痛领域有着频繁的应用。英国学者哈特认为：催眠是一种增加痛觉阈限和疼痛耐受性的迅速、有效和安全的方法，特别对于容易催眠的患者，当传统的镇痛方法失败或有禁忌症时更是如此。它也可以避免外科手术、避免药物依赖或滥用。其他的优点有：花费相对低，有助于增强患者的控制感、独立性和对不舒服的自我控制能力。催眠可以有效地处理疼痛的情绪方面，也可以通过催眠分析揭示慢性疼痛的深层意义。

下面我们就来介绍两种常见的催眠镇痛治疗——无痛分娩与无痛拔牙。

（一）无痛分娩

在文明的社会里，分娩被认为是女性人生道路上的一大劫难。这主要是从分娩时所承受的痛苦这一角度来考虑的。诚然，几乎所有的产妇都曾体验到了分娩时的疼痛。但疼痛到底是由什么因素决定的呢？先前，普遍的看法是：疼痛乃是神经生理的反应与表现。但近年来具有确凿证据的研究表明，疼痛与情境、与认知因素有关。在战场上的野战医院中，没有麻醉药而进行外科手术，战士能够忍受；在和平宁静的气氛中，没有麻醉药的外科手术是不可想象的。总之，在疼痛中生理因素和心理因素已成为公认的事实。对于分娩来说，尤其是对于首次分娩来说，紧张与不安、焦虑与恐惧以及对痛苦时刻即将到来的期待，使得本来就存在的生理上的痛苦更为加剧。

在催眠状态中，使受术者丧失痛觉是一件轻而易举的事情。正因为如此，人们便利用催眠状态中的这一特点帮助产妇进行无痛分娩。无痛分娩的方法，也可以分为自我催眠和他人催眠两种形式，现分别介绍于下。

1. 自我催眠的方法

无痛分娩的自我催眠方法可以两种形式进行。

其一，舒适地坐在椅子上，将左手臂向前伸展，手腕抬高至水平状。此时，手掌朝下，将一本稍厚的书放在左手上。闭上眼睛，把全副精神都集中在那本书上，你就可以很清楚地感觉到书本的重量了，手臂自然会逐渐下垂。等到手臂垂到膝盖附近，书就会从手上滑下来。

接下来，手上不要放书，将手掌朝下，左手再次伸向前方，然后强烈地暗示自己："闭上眼睛，手臂逐渐会有沉重感。"

此刻，全部精神都集中在左手上，对自己进行暗示："手臂愈来愈沉重……手臂愈来愈沉重……手臂逐渐下垂……"

此时，左手手臂会逐渐下垂到大腿上。接下来，如法炮制，使右手手臂获得同样的沉重感。双手均有沉重感后，便暗示自己："随着沉重感的获得，心境逐渐平和、头脑清晰、疲劳解除，身心十分舒畅……"如果施术的时间是在晚上睡觉之前，便暗示自己："我马上将要转入正常的睡眠状态，我会睡得很熟。明天醒来的时候，浑身舒畅，精力充沛……"

其二，采用自律训练法中"手臂逐渐温暖、脚底逐渐温暖"的方法。也就是：在舒适的坐（或卧）姿势中，反复暗示自己："左手逐渐温暖起来……右手开始温暖起来……左脚开始温暖起来……右脚温暖起来……"通过温暖感的获得，把自己逐步导入自我催眠状态，并暗示自己身心状态良好。

在采用两种方式中的任一种使自己进入自我催眠状态后，便对自己进行暗示："现在我的心情很镇定，头脑清晰、心情愉快、身体不再疲惫不堪、精力充沛、晚上睡得极香甜。因此，我可以安心地等待分娩的时刻了……到了分娩的时候，我一旦获得沉重感（或温暖感），痛觉的感受性就会降低许多……"

2. 他人催眠的方法

有些催眠师是在产妇分娩之际才对她们实施催眠术。一般说来，这种做法不太合适。大部分催眠师的做法是，对于那些希望以催眠术进行无痛分娩的产妇，在其怀孕 6~7 个月的时候，就开始对产妇实施催眠术。并且，把她们诱导进深度催眠状态，在深度催眠状态中，采用思考·预演法、松弛法、心象减感法使其身心处于高度放松状态。用观念暗示法使其接纳分娩虽在生理上有痛苦，但是它属人类正常的生理现象的观念。对其痛觉丧失的实验反复多次进行。最为重要的是进行催眠后暗示，规定她们在收到某一信号（如数数字或某一句话）以后，即刻进入深度催眠状态。再经过催眠师的诱导，痛觉将完全丧失，所感受到、体验到的是舒服、愉快的感觉。这样，到了分娩的时刻，只要催眠师站在旁边，依法而行，定能获得圆满成功。这里要提醒人们注意的是，分娩结束以后，催眠师一定要再通过暗示诱导使受术者的痛觉感受性恢复正常，不然的话，会给受术者的身心两方面带来种种不利的影响。

（二）无痛拔牙

第二次世界大战后，先于精神病医生和心理学家，牙科医生异军突起，将催眠术在手术中广泛运用，并组织了相应的研究团体。目前，在欧美各国利用催眠术进行无痛拔牙已经是相当普遍的事情了。为什么牙科医生对催眠术特别热衷呢？这也是由客观需求所决定的。牙科医生在其实践中发现，在替病人拔牙时，最大的障碍不是手术本身，而是病人的恐惧感和紧张感。这种恐惧感和紧张感有时使麻醉药物失去应有的效能，有时甚至使病人的嘴巴都无法张开。为此，牙科医生们想到了催眠术，并将其应用于手术之中，收到了良好的效果。

当然，不是所有的受术者都能进入催眠状态，还有些受术者在进入催眠状态后意识仍有"跳跃"现象，即暂时的自动醒复。所以，为了保险起见，在牙科手术中往往是催眠术与麻醉药并用。这也是目前常见的一种方式。这种做法的好处有以下几点。

其一，保证了手术的顺利进行，不会发生任何意外。

其二，仅仅利用少量的麻醉药，甚至是安慰剂就能达到效果。多数学者认为，麻醉剂用得愈少，手术后的恢复就愈快。

其三，由于催眠状态的配合（哪怕不是太深的催眠状态），受术者的紧张感和恐惧感会有不同程度的减轻，这事实上也会使麻醉药的效果有所增强。

无痛拔牙的催眠方法，其目的是十分明确的，它是以安静、睡意、麻痹、知觉丧失、愉快的情感、心象、健忘等为中心，以"快乐的心情""想象""沉重感""舒服""熟睡""忘却"为暗示来进行的。可以待患者坐在手术椅子上以后再施术，但最好是先把患者导入催眠状态，然后利用后催眠暗示的效应来实施。因为，当患者坐到手术椅子上后，牙科手术正式开始之前，患者的心情最为紧张焦虑，此刻，除非患者本身的受暗示性极高，否则很难将其导入催眠状态。至于具体的暗示指导，在形式上与无痛分娩大致类似，只是语词上的不同，这里就不再赘述了。

八 男性性功能障碍

男性性功能障碍主要是指不能成功地进行正常的性交活动。

其表现形式大致分为三种，即"阳痿""早泄""射精困难"。

阳痿是指性交时阴茎不能勃起或虽能勃起但举而不坚，不能完成或维持性交。早泄是指性交时男性射精过于提早，甚至是在进入阴道之前就已射精。射精困难是指性交时射精延迟或不能射精。这三种性功能障碍在成年男性中较为常见，尤以前两种障碍居多。这三种性功能障碍的引发原因可以分为两大类，即生理上的（或曰器质性的）和心理上的（或曰精神性的）。人们往往认为性功能障碍都是生理上的原因，每每想以打针、吃药的方式来解决这些问题。其实，性功能障碍的大部分引发因素是心理上的原因。据统计，由心理因素所致的阳痿占阳痿患者的 80%~90%，早泄患者中心理因素所致的比例也大致相同。由此可见，对于性功能障碍来说，心理因素是致病的主要原因。

临床治疗学家们发现，像紧张、抑郁、焦虑、自卑、内疚、疑病、害怕对方怀孕、害怕染上性病、儿童期的精神创伤、长期的手淫习惯以及由此而招致的愧疚感、缺乏性知识、错误的性观念、夫妻关系不融洽、因先前性交失败而背上的心理包袱等，都可能使男子产生这样或那样的性功能障碍。显而易见，由上述因素所造成的性功能障碍，靠药物治疗是难以奏效的。不唯如此，因长期药物治疗而无好转者会背上更加沉重的心理包袱，会使原先的障碍愈发加重。

俗话说，心病还需心药医。对于因器质性原因引发的性功能障碍，应以药物或手术治疗为主，辅之以心理调整，而对于因心因性原因引发的性功能障碍，则应以心理疗法为主，方能收到良好的效果。为解除性功能障碍者的疾苦，使人们都能过上正常、愉快的性生活，临床心理治疗学家们创造了多种多样的心理治疗方法。催眠疗法在其中可谓独树一帜，效果良好；尤其是与其他心理治疗方法结合使用时，更是如此。

（一）放松法

如前所述，男性性功能障碍的核心因素是心理上的紧张。换言之，在发生性行为时身心未处于放松状态。反过来说，如果处于放松状态，这样的障碍即刻便可消除。一般说来，人的整个身心是否处于放松状态，并不完全由自己的主观意志所左右。欲"放松"而不能的情况时时可见。尤其是想达到深度的放松——全身心的放松，更不是一件容易事。而催眠术的效应作用则能够很容易地将人们导入深度放松的状态。准确地说，"放松"既是催眠师将受术者导入催眠的基本手段，也是受术者进入催眠状态的一个必然结果。不难想象，催眠状态下呈现出的深度放松往往就是医治心因性性功能障碍的"仙丹妙药"。请看美国心理学家阿德莱德·布赖在其《行为心理学入门》一书中所记载的一则个案：

S先生，40岁，是个会计师。为了医治阳痿，开始他去找精神分析学家。当得知治疗过程可能会拖上两年时，他便求助于一位行为治疗学家，因为他说不能让他所爱的女人等这么漫长的时间。

治疗学家通过9次面谈弄清了患者的病史。在青春期，他常行手淫，并且也听说手淫会导致阳痿。22岁时，他有了一个女朋友。他与她互相爱抚，直到进入性高潮。但是，当他发现自己射精的时间越来越快时，他开始有些担心了。尤其是当他的一个叔叔告诉他，这就算是"部分阳痿"时，他对此就愈加关注。在他最终说服了女朋友与他交欢时，结果他却早泄了。没隔多久，女朋友便跟他告吹。

这之后，他又与人发生过性关系，仍然早泄。后来，在29岁时，他结了婚。这段婚姻持续了9年，但自始至终充满了风暴，几乎都是因为S先生在床笫之乐之前便早早泄精。

与妻子离异之后，S先生与一个有夫之妇保持了长达4个月的令人满意的性关系。随后，他患了流感。病快痊愈时，这女人来看他。但使他颓丧的是，他第一次发现自己无论在欲望还是勃起方面都不行了。在随后的几年里，由于阳痿或早泄，他想要与女人发生性关系的企望都一一告吹。

在他寻求医治阳痿的前一年，他爱上了一个在他办公室里工作的24岁的女人，她也回报了他的爱情。但在他们同房时，S先生又早泄了。尽管这样，"他还是设法与她勉强进行了性交"。这个年轻女人似乎对这种经验感到满足，希望不要去毁坏这种不坏的结果，S先生有6个月都没再试图跟她行房事。

后来，在她就要外出度假时，他试着又一次跟她同房，但仍早泄了。在她外出期间，S先生又曾分别与另外两个女人发生过男女关系，但连勃起都达不到。绝望之下，他去找了一位精神病医生。医生给他注射了大剂量的睾丸甾酮，但这治疗证明是无益的，因为当他的心上人归来后，他与她再次尝试又告失败。于是，可以理解，她的激情开始冷却下来。就在这种时刻，他转而寻求行为治疗法。

从第10次诊视开始，治疗学家向S先生解释了交互抑制的原理，并教他学会深度放松的技巧，还劝他对性交要采取轻松的态度，而且告诉他，除非事先已感到阴茎有力地勃起，他不得强使自己进入性交；并且，他不应该一味地去追求达到某种预想的性交水平。

在对他进行第12次诊视时，治疗学家对他施以了催眠术，让他尽可能地深度放松。然后，让他去想象自己正和心爱的女人同床共枕。遗憾的是，这位治疗学家的报告没有披露这次诊视所显示的结果，他所介绍的情况就到此为止。

但是在第14次诊视中，S先生证实了整个治疗是成功的。他说，他与女朋友已经成功地进行了两次性交。第一次他有点早泄，但第二次他勃起得很好。事情的转机使S先生异常兴奋，他与这女人结了婚。婚后的第三天，他报告，他和新娘在这两天晚上都同时达到了性高潮。

接下来的 6 周里，S 先生在治疗学家的指导下，进一步巩固了这新的表现情况——只有一次因早泄而导致的失败，那是因为他违背当时的愿望而迫使自己去性交。

经过 23 次诊视，治疗结束了。从开始治疗算起，一共刚好 3 个月的时间。随后五年半的跟踪调查显示，S 先生对自己的性生活非常满意。

从上述个案中，我们可以得出三点结论：其一，对于心因性性功能障碍，药物性治疗难以奏效。其二，深度放松，是治疗心因性性功能障碍的有效途径。其三，在催眠状态中，可以得到最为完善的深度放松。由此可知，催眠方法中的放松法是治疗心因性性功能障碍的绝佳方法。

（二）直接暗示法

直接暗示法治疗男性性功能障碍的具体程序是，首先将受术者导入催眠状态。为了使暗示指导能取得比较好的效果，应将受术者导入较深的催眠状态。一般说来，以中度催眠状态为宜。这是因为，催眠状态下的暗示指导与清醒状态下的言语指导的最大区别在于，前者能够避开意识、定势等心理防御机制的抵抗，直接与潜意识对话，对潜意识中隐藏着的各种情结产生效应作用。

— 第九章 催眠术与疾病治疗 —

临床心理治疗学家发现，许多男性性功能障碍的患者有严重的自卑情结。他们并非在生理方面有任何缺陷，也不是自身的性功能低下，而是对自己缺乏信心，总觉得自己在性功能方面存在这样或那样的问题。这种疑病倾向客观上确实使他们性功能的表现不能尽如人意，或者出现某种"障碍"。这些不尽如人意之处和"障碍"反过来又加重了他们的心理负担和疑病倾向，使之愈发自卑。如此循环往复，形成恶性反馈系统，使"障碍"愈演愈烈。对此情况，在当事人清醒状态时的说服与指导不能说没有效果，但效果总是不会显著。原因如上所述，意识、定式和其他心理防御机制的自觉不自觉的抵抗，使说服与指导显得苍白无力。

在将受术者导入中度催眠状态以后，便可直接进行暗示："你现在正处于催眠状态之中，你现在睡得很深，也很舒服……正在体验到一种从未有过的舒服的感觉……好的，现在我针对你的性功能障碍问题进行治疗。我已经确实查明，你在生理上完全没有毛病，各种生理指标的测定也有力地证明了这一点。你的问题是出在心理上，是由自卑、疑病（或早期精神创伤、愧疚感等等）所引发的。这一点，你必须认识清楚，必须把这一观点深植于你的潜意识中（事实上，这时催眠师就是在与受术者的潜意识交流、沟通）。"

这一阶段暗示的目的在于矫正患者的错误观点，彻底打消其生理上发生器质性病变的疑虑，并使其坚信自己的毛病出在心理上，经过良好的心理调整，就可以康复如初。

在达到上述目的之后，则可进行进一步的暗示："现在你已明确意识到了你问题的真正原因，是'心'病，而非生理上的疾病。从心理学家的观点来看，认识到自己心病的根本原因，心病也就除掉一半了。你现在感到特别轻松，如释重负。长期笼罩在你心头的阴影一下子全消失了……我马上再给你做一次全身按摩，你的身、心两方面将完全放松，你的性功能障碍将不复存在……（予以象征性的按摩后再继续暗示），你的性功能已完全恢复正常，现在你想象正与你的妻子过着愉快的性生活……"

让患者恢复清醒之后还需作一些具体指导，如：只有在具有强烈欲望的时候才去过性生活，不要勉强；功能正常后也要注意房事有度。

九　女性性功能障碍

女性性功能障碍一般包括以下数种：性交不适、性交疼痛、阴道痉挛、性欲缺失等。下面着重介绍阴道痉挛和性欲缺失这两种情况。

阴道痉挛是指女性在性交前或性交时阴道外端及会阴部的肌肉发生不自主的剧烈、持续的收缩现象。阴道痉挛发作时常伴有外阴部、大腿内侧甚至下腹部的感觉过敏。阴道痉挛的程度表现为轻重不等。较轻者仅仅感到性交不适，严重者除感到局部区域疼痛外，还会致使阴道紧闭以致不能进行正常的性生活。

分析造成阴道痉挛的原因，大部分是属于心因性的，即由心理因素所造成的。具体原因包括：在违背女性意愿的情况下进行性交活动，如强奸，或虽是夫妻但女性在某一时间不愿过性生活；环境条件恶劣，如因住房紧张，一家几代人同居一室，怕被家人看到、听到；对性生活缺乏正确的观念，认为这是见不得人的丑事，对之厌恶、反感甚至害怕；过去的精神创伤，如曾被人强奸、诱奸过；性生活时男方动作粗野；新婚时因处女膜比较坚韧，在破膜时过于疼痛以致引起防御性、反射性的反应；害怕性交后怀孕，精神高度紧张；等等。

性欲缺失是指女性虽有性冲动，也不拒绝性交，但在性交过程中无性欲高潮或性快感很不明显。这是一个相当普遍的现象，在东方社会中则更是如此。据有关资料报道，这种性功能障碍约占整个女性性功能障碍的18%。还有人统计，有半数以上的妇女并非每次性交都能达到高潮，只有少数妇女几乎每次性交都能达到高潮。一般说来，这种情况不应归之于生理上的病变。因为，在结婚很长一段时间之后，一直未能体验过性快感的女性极为鲜见。大部分人只是本身性欲不强，或只是勉强尽做妻子的责任等等。总之，主要是社会、心理、环境因素导致了性欲缺失现象的出现。具体原因，朱永新先生等人在其《咨询心理学》一书中归结为两点。

第一，由于幼年时期教育和环境的影响，或由于心理上的创伤，认为性行为是不正当的行为，是一种罪恶，因此在思想上已形成根深蒂固的偏见，以致妨碍正常的性的发展。这种心理定式婚后未能改变，甚至进一步发展，对性生活就自然产生了厌恶和憎恨的心理，更谈不上有性欲要求了。

第二，由于结婚以后，夫妻双方缺乏必要的关于性的知识，所以夫妇双方对性生活，不仅缺乏思想上的准备，也缺乏知识技巧方面的准备。有的新婚夫妇，对男女性器官毫无所知，新婚之夜，狼狈不堪。有的夫妇忽视男女性欲的区别，性交前准备工作不够，往往男方很快就达到性兴奋，很快射精，或过早结束，女方不但未从性交中得到快感，反而感到疼痛和不愉快。时间长了，女方对性生活也越来越冷淡，感到性生活是负担。也有的是由于新婚，穿破处女膜，引起疼痛，产生阴道痉挛，以致引起性交疼痛和不适。还有的是由于居住条件限制或怕怀孕，或采取不恰当的体外排精，正常的性生活长期受到抑制。

下面具体谈谈女性性功能障碍的催眠疗法。

（一）直接暗示疗法

对于存在错误性观念的女性，首先应通过直接暗示疗法以矫正其错误观念。关于直接暗示疗法前面已有介绍，这里只需针对患者的错误观念，在具体暗示语上作些调整即可。

（二）情欲强调法

由于某种原因，有些心理疾病的患者无法发觉自身心理世界上的情欲。有些人甚至可以说是呈"感情恐怖症"的状态。换言之，"冷漠"是其心理面貌的主要特征，在冷漠这一主旋律的控制之下，各种心理疾病、各种心因性的生理疾病便找到了滋生、发展的最适宜的土壤。女性性欲缺失，就是其中的表现形式之一。情欲强调法就是针对上述情况，在催眠状态中，培养、激发受术者潜意识中的情欲，并使之在清醒的意识状态中，不仅承认自身情欲的存在，而且促使其正常流露。一言以蔽之，使患者从冷漠的低谷中走出来，成为一个有正常欲念并能正常表达的人。很显然，这一疗法对女性性欲缺失问题有很大的帮助。具体操作方法如下。

先将受术者导入中度催眠状态。经测查表明已出现了幻觉心象。此时，情欲强调法便可以正式实施："现在，隐藏在你潜意识中的各种情欲，无论是属于哪一种类的，都渐渐地膨胀起来了，你会愈来愈明显地感觉到。你会愈来愈清楚地感觉到、愈来愈强烈地体验到……不仅仅是感觉到了，而且能够愉快地、深刻地、真诚地接受这种情欲……你体验，体验到了以后，脸上就会露出笑容……好的，你体验到了，因为你脸上露出了笑容……"

接着，催眠师针对患者的具体问题进行暗示诱导："好的，你已经体验到并能愉快地接受各种情欲了。现在，你想象你和你丈夫久别重逢，正在过性生活。你正感觉到全身的性兴奋和性冲动，出现了各种适应性的姿势和动作。你正感受到一种从未有过的快感……"

在催眠暗示的进行过程之中，不仅要反复暗示受术者当时感受到愉快的性兴奋的情欲，同时还要暗示受术者，在今后的日常生活当中，在与配偶过性生活时，还会体验到这种性兴奋，还能达到像催眠状态中体验到的这种"性高潮"。这样，对于性欲缺失的女性才会有实际意义。

在催眠过程中实施情欲强调法，需要由经过专门训练的专业人员来执行。这是因为在情欲强调法的实施过程中，有时受术者会出现紧张、不安、排斥、抗拒的倾向，甚至会出现自杀的欲念。如何使这种情欲强调法发挥出正效应，并有效地消除或最大限度地减少它的负效应，则不是非专业人员所能胜任的。在施术过程中，要求催眠师能够清晰地认识上述倾向与欲念，采取有效的方法使之宣泄、使之升华，从而成为疾病治愈中的积极因素。

十　性变态

（一）什么是性变态

什么是性变态？美国心理学家埃里克·伯恩有一段精当的

描述：

　　正常发育情况下自然变化的法则指导个体去接近异性成人，这是他性力真实的目标。仅仅在某些东西出了毛病时，他才会选择别的目标作为爱的对象，例如同性伙伴、孩子、老年人或动物等。与此同理，自然变化法则指导他去进行性生活，这是他所追求的目标，因此，性力可以完成其生物学目的，使精子和卵子结合创造出新的后代。但是如果某些东西不正常，他就会采纳一种特殊的方法来达到最大的满足。这样，某些人为了满足性欲选择非寻常的对象，另一些人则两者兼用。这些人认为，社会、他们自己的超我，或者他们的自然规律变化法则受到阻挠，均将引起个人的不快。这种非寻常的偏爱称为变态性行为。

他又说：

　　变态性行为通常并不是由于发育偏离了童年期获得性快感的方式。儿童通常从同性或动物那里看到性行为，我们也看到婴儿从吸吮乳头、排大便或玩弄自己的生殖器得到乐趣。一个没有偏离这种发育的人，在成年性生活中将用类似的方法来缓解性紧张。人类实质上都是实验者，我们应该懂得，仅仅实验非寻常的性活动并不能看作性变态。只是非寻常的性活动经常胜过习俗的性活动时才能称为性变态。

综上所论，可以将性变态的特征归纳为以下几点。

其一，以非成年人作为性满足对象的，属于性变态。

其二，以非性器官作为性满足对象的，属于性变态。

其三，判定某一行为是否属于性变态，与时代、社会习俗、社会文化有很大的关系。譬如，在中国古代的文化背景中，同性恋属于典型的性变态行为。但目前在一些国家中，同性恋已逐步获得社会的认可，甚至得到法律的保护。

（二）性变态种类简介

异装装扮癖 异装装扮癖通常是指男性以穿异性的服装（常为内衣）来得到心理上的性满足。为什么说这种性变态行为通常是指男性而把女性排除在外呢？这是因为，在大部分社会文化中，尤其是文明程度较高的文化中，社会对女性穿上男性服装不予以非难。另外，如果男性穿戴胸罩、连衣裙则为社会行为规范所不允许，甚至要受到法律的制裁。心理学家们发现，异装装扮癖往往又和恋物癖联系在一起。他们往往以非法手段窃取异性穿戴过的胸罩、内裤，并视若珍宝，反复把玩。有些人还把它们穿戴在自己身上。

易性癖 易性癖已成为近年来社会上的一个热门话题，多见于男性。这些男性十分憎恶自己的性别角色和性器官，希望将自己的男性性器官切除，并获得雌性激素，以减少胡须、增大乳房、改变音调，成为名副其实的女性。从心理学的角度来看，易性癖是心理身份或性别意识的严重倒错所致，是一种典型的病态性心理。不过，易性癖与同性恋有着鲜明的区别。那就是，他们决不想以同性的身份、形体与同性相接触，而是想作为一个"实实在在"的异性与同性交往、结合。目前，无论是国外还是国内，都具备施行这种易性手术的能力。但出于伦理道德上的缘故，也慑于社会舆论的压力，医学界对这种手术的实施十分审慎。

其他性变态类型　除了以上介绍的两种性变态行为外，还有许多种性变态行为。例如，性施虐癖——通过以各种残忍的手段虐待异性以引起自身的性兴奋并获得性满足。性受虐癖——期望或强烈要求异性以各种残酷的、古怪的方式虐待自己以引起自身的性兴奋并获得性满足。露阴癖——指在不相识的异性面前，甚至是在大庭广众之下裸露自己的生殖器以获得自身的性满足。窥淫癖——指以窥视异性裸体或性交行为而获得自身的性满足。

（三）催眠疗法在性变态治疗中的运用

有关性变态问题的研究表明，尽管有些学者坚持或找出某些证据，认为性变态之所以如此，有其深刻的生物学基础，是生理结构或生化机制方面的原因所致。但是，大部分学者坚信，性变态行为之所以产生，是在社会、环境、家庭诸因素的作用之下，所产生的心理病变。有鉴于此，大部分性变态患者的治疗，不是依靠手术或药物，而是通过心理疗法来进行的。其中，以行为疗法的使用居多。而以催眠术与行为疗法结合使用效果尤好，并且更为人道。下面，我们将具体介绍催眠疗法在性变态治疗中的运用。

暗示厌恶法　在行为疗法中，有一种厌恶疗法。这种疗法对于矫正有机体的偏常行为，治愈人类的各种怪癖具有十分显著的效果。这里，我们试以异装癖的治疗过程为例，来谈厌恶疗法的实施过程。

行为治疗学家先让异装癖患者观看穿着异性服装的照片或幻灯片，在其正在津津有味地观赏时，突然给予一次电击，令其产生极其不愉快的体验。然后，再令其观看图片或幻灯片，再给予电击。另一种变式是：在让患者观看图片或幻灯片时，给其服用能使之立刻产生强烈呕吐的药物（患者不知道这是致吐药而被告知是服用了维生素片），患者在观看图片或幻灯片的过程中发生了强烈的、令人厌恶的呕吐。一言以蔽之，把患者的种种怪癖和患者感到痛苦、令人难耐的情境联系起来，并形成较为牢固的暂时神经联系，从而使得患者的怪癖日趋消退。这就是典型的行为主义的厌恶疗法的基本过程。

长期以来，这一疗法的效果一直为人们所称道。但它的具体实施方法却不够人道。所以，在发达国家，这种电击疗法正在被逐渐取消。那么，有什么样的方法既能够使治疗达到上述效果，而具体实施程序又能为人们所接受呢？如前所述，心理学中的各个流派目前正出现融合的趋势，大家尽弃前嫌，博采众长，从而更好地发挥心理学"描述、解释、预测、干预"人类心理与行为的作用。基于这种良好的趋势，治疗学家们把催眠术和厌恶疗法有机地结合起来，创造出暗示厌恶疗法。

　　根据我们的研究，在催眠状态中，受术者的意识状态发生了显著的变化。他们既不是处于有意识状态，也不是处于无意识状态，而是处于一种兼有意识状态和无意识状态特征的第三意识状态。当人们处于第三意识状态时，有一系列独特的表现。这些表现中的一个是，出现了新型的身心关系。也就是说，在第三意识状态中，通过心理暗示的作用，可使生理上产生一系列的变化。这些变化可以是身体上焕发出平时无法企及的巨大力量：如在催眠师令受术者全身肌肉僵直后，将受术者的肩部和腿部各放在一条凳子上，身体悬空，但腹部仍可站人；也可以是产生无中生有的生理效应：如经由催眠师的暗示后，喝白开水会感到"甜"，不唯主观感觉是如此，当时对其血液进行化验，发现血液中的血糖含量也有所升高。又如将一枚硬币放在受术者的手臂上，告诉他（她）放在其手臂上的是一块烧红了的烙铁，受术者即刻就会被"烫伤"，而出现的水泡与一般的烫伤别无二致。我们说，催眠术这一神奇的效应作用正是与行为疗法相结合，取其所长、补其所短的契机。由于催眠术的这一效应作用，在厌恶疗法中，则将无需实物（电击、致吐药物）的帮助，只需通过暗示指导，便可实现预定的目的。下面，我们仍以异性装扮癖为例，来看看暗示厌恶疗法的实施过程。

在将受术者导入中度催眠状态，出现了幻视、幻听之后，暗示厌恶疗法就可以开始实施了。首先是让受术者产生幻觉，令其"看"到男性穿戴异性典型服饰（如胸罩、裙子）的景象，并要求其产生愉快的体验。暗示语是这样的："你正在看到一种你平时最喜欢看到的也最喜欢穿戴的服装，你感到很愉快、很舒服，就像你平时的所作、所为、所体验的一样。你继续体验，体验这种愉快感……"一段时间之后，再作如下暗示："现在，你仍然在看异装的画面，不过，你感到心里有点不大舒服了……看到这画面，你有点恶心的感觉……愈看愈感到恶心……再看，再继续看这异性装扮的画面，你已经有点不想看了，但我要求你继续凝视这画面……愈来愈感到恶心了，你已经不想看这画面了，瞧！你要呕吐了……哦，原来你实质上对异性装扮并不感兴趣，一点也不感兴趣……今后，你一看到异性装扮的画面，尤其是自己的异性装扮马上就感到恶心，就要呕吐，一旦卸去异性装扮，马上就会舒服起来，心情就感到愉快。肯定是这样，不会错的……"

从以上叙述可知，催眠状态下的暗示厌恶疗法较之一般行为主义的厌恶疗法有以下几点好处。

其一，如前所述，它不必采用对人的身心有不良影响的实物（电击或致吐药），只需通过幻觉和想象就可以达到同样的效果。

其二，一般行为主义的厌恶疗法是在意识状态中建立起暂时的神经联系，形成条件反射；暗示厌恶疗法是在潜意识中建立起暂时的神经联系，形成条件反射。二者相比较，在后一种情况下，条件反射的建立更容易、更难消退，对实际行为影响也更大。它既可以使治疗所花费的时间与次数减少，同时也可以使效果提高，因此而备受临床治疗学家的青睐。

以上是以异性装扮癖为例具体阐述了暗示厌恶疗法。其实，大部分性变态行为都可以运用这种行之有效的治疗方法，过程与步骤大致相仿，只是在具体的暗示语上有所不同而已。

角色转换法　经分析可知，大部分性变态患者都存在严重的角色混乱问题。换言之，他们未能很好地扮演自己的性别角色，而发生倒错，期望并以行动表明自己希图扮演异性的角色。对于这种情况，转换其偏常的角色，釜底抽薪，才是解决问题的根本办法。角色理论认为，决定人的行为从而决定行为效果的不是单一的心理因素，而是由内外两方面因素构成的整个行为动力系统。性变态所反映的问题，实际上是一种整个行为动力系统的角色偏常。性变态患者整个行为动力系统中的各个环节，其所受到的外部对待、评价、角色期望，其内在的自我概念系统、动机机制、行为模式以及作为行为效果的成就，都偏离了社会所规定的性别角色。因此，单一心理因素的改变虽不无小补，却不能从根本上解决问题，唯有改变其角色，即改变其整个行为动力系统才能收到良好的、长久的效果，才能使得他们的整个行为动力系统的各个环节在积极的变化上相互适应，并呈良性循环状态运动。

对于实际工作者来说，如何将理论上推导是正确的东西转化为实际效果是最为关心的问题。由于人是一种高度非线型的复杂的系统，欲改变其惯常的角色即行为模式是一项相当艰巨复杂的工作。所谓行为模式，就是对类似情境的一种基本固定的反应。通俗地说，就是习惯。以因心理学的术语来解释，习惯就是人在一定的情况下，自然而然地或自动地去进行某些动作的习惯的倾向。一个人之所以会表现出各种特殊的习惯，乃是由于一定的情景刺激和他的某些有关动作在其大脑两半球内形成了巩固的暂时神经联系，自然而然地或自动地去进行这些有关的动作。俄国生理学家巴甫洛夫指出：

> 显然，我们的任何方式的教育、学习、训练，各种各样的习惯都是长系列的条件反射。谁都知道，已知的条件，也就是一定的刺激作用，与我们的行动所建立的、所获得的联系往往纵然受到我们的故意的抗拒，也会倔强地、自然而然地表现出来。

由此可知，改变人的角色以及该角色的行为模式，是一项十分艰巨的工作。

然而，在催眠状态下的角色行为模式的改变，要比在清醒的意识状态下所遇到的抗拒小得多，因而改变起来就容易得多。此外，在催眠师的暗示诱导之下，在催眠施术的一个疗程结束以后，在催眠状态中的角色变化会迁移到日常实际生活当中，从而达到治疗的真正目的——改变患者偏常的角色行为。对于性变态患者来说，就是改变偏常的性角色行为。

十一　反社会人格

反社会人格是异常人格的一种类型，通常指具有反社会倾向的人格，表示人格已偏离社会化，不能正常地适应社会生活。其特点是内心体验与外在行为都与社会常情及道德规范背道而驰；为人冷酷无情，自私自利；不关心家庭，不关心他人，更不关心集体；不诚实，不守信用，缺乏起码的责任感与基本的道义感；做错了事不觉得惭愧，侵犯了他人或集体的利益不觉得内疚；对本能欲望缺乏自制力，对失望与挫折缺乏忍耐能力。其表现为，从少年时开始，就经常有品行不端行为：顶撞尊长、说谎、逃学、打架、小偷小摸、离家漫游等；成年后更为严重，常进行不道德的或违法的活动：收入不用于养家，不关心子女的教育与成长；工作不负责任，经常迟到、早退或旷工，经常损公肥私；从事非法职业、流浪、偷盗或抢劫、嗜赌成性、酗酒、吸毒、乱搞两性关系等。上述表现均系一贯的习性，无论规劝或惩罚都很难使其反社会行为有根本的改正。

下面让我们看一个反社会型人格障碍的病例。

自小学起，N 就是一个经常给父母和学校不断制造麻烦的人。且不说上课时制造的种种恶作剧，也不谈学业成绩如何差而自己全无内疚感，就是自己的亲妹妹也难逃劫难。每当他不顺心的时候，或者在外面打架斗殴吃了亏，回到家里，妹妹便成了他的发泄对象。最为可怕的一次是用小刀猛戳他妹妹的胳膊，致使妹妹鲜血淋漓。父母对其恨之入骨，却又无可奈何。为保持家族的声誉，不惜重金将 N 送进一家以管理严格著称的私立学校，但结果同样令人沮丧，严格的管理反倒成了促使他逃跑并做更大、更多坏事的催化剂。不久，N 便辍学在社会上游荡了。

后来，因为抢劫和聚众斗殴，N 两度进入少年犯管教所，出来后仍然如故。年龄稍长，进入青春期以后，更是五毒俱全，强奸、行骗、抢劫样样在行。在任何情境下，即使对自己无益，只要对别人、对社会有损，都要想方设法去做，以满足自己的心理需要。

……

如此之多不端行为，当然使 N 成为监狱的常客。在一次坐牢过程中，一位参加监狱罪犯感化教育工作的心理学家发现，N 具有反社会型病态人格的一些主要特征。例如，不管他的错误行为给别人造成多大损失，他自己并不认为有过失。因此，可以认为他好像没有"超我"。这样的人可以做出一些严重败坏道德的行为，而毫无内疚感、犯罪感，甚至感到这完全是正义的行为。此外，他对他人的任何忠告、劝诫与帮助也一概拒之门外。

这位心理学家认为，N 的犯罪行为和其他偏常行为的发生，不能仅从道德因素去找原因，更为深刻且占支配地位的因素可能来自心理方面，是一种典型的、顽固的反社会型人格障碍在左右着他的思想、观念与行为。惩罚（包括父母的打骂、学校老师的训斥、法律部门的制裁）非但不能改变他的行为模式，反而进一步强化了原先就存在的反社会型人格障碍。唯一的办法是矫正其病态人格。

后来，临床心理医生利用催眠疗法对 N 的反社会人格进行了治疗。整个治疗过程是这样进行的。

经过 5 次的催眠暗示，临床治疗学家把 N 导入了深度催眠状态。由于 N 心理上天然的对抗，整个暗示诱导过程颇费周折，但最终还是催眠师的意志战胜了 N 的意志。在进入深度催眠状态以后，就利用催眠剧疗法进行具体治疗了。

先对催眠剧疗法做一说明。

在催眠状态下，即兴进行的心理剧，便称之为"催眠剧疗法"。心理剧疗法的创始人是莫雷诺。莫雷诺曾经诱导一位年轻妇女进入心理剧，以期解除她每夜梦见恶魔而无法入睡的偏激妄想症的烦恼，但是没有成功。于是，他又利用患者所选择的自我志向的方法去进行，还是没有成功。后来，他尝试运用强烈暗示的方法进行诱导，想不到患者很快进入催眠状态。因此，他请两位男性做助手，进行心理剧疗法。这次，患者扮演一个角色与恶魔面对面。这表明，催眠的效应会对心理剧产生一种引发作用，促进患者尽快进入剧中，进入角色。

催眠剧疗法的具体实施方法，通常是根据清醒状态时所进行的心理剧同样的原则来进行的。但由于运用了催眠手段，所以能使患者在催眠师的暗示下很快进入剧中，而不需经过大量的训练与诱导。另一方面，既然根据心理剧的原则来进行，它又有别于一般的催眠施术，尤其是不同于一般催眠实施中的直接暗示疗法。其中关键的区别在于，催眠师与受术者在催眠剧的相互关系大大不同于在一般催眠过程中的相互关系。

我们业已知晓，在催眠过程中，催眠师占据绝对的支配地位，受术者犹如牵线木偶，完全听从催眠师的摆布，按催眠师的指令去行事。然而，在催眠剧疗法中（也就是将受术者导入催眠状态之后的治疗中），催眠师则要以被动的角色身份出现，暗示受术者生活中的某一个重要场面，描绘剧中的背景及部分情节，让受术者积极地去担任剧中的一个角色，同时帮助受术者深入角色，并逐步为该角色所同化；或者是让受术者以所担当角色的身份自由地、毫无顾忌地去宣泄、去认知、去处理人际关系、去执行与该角色行为规范相符的行为、去看待自己原先在清醒状态中所扮演的现实生活中的角色的是与非、对与错、适当与否……还可以在催眠结束以后，受术者恢复到清醒状态之时，和他们一起讨论剧中的情节，分析其隐含的寓意以及和现实生活的关系。对于心理疾病的患者来说，催眠剧疗法不失为一种行之有效、效果迅捷的治疗方法。特别是对一些严重的心理痼结、情结和作为个体的特质而存在的人格方面的障碍，其他心理疗法往往无可奈何、望洋兴叹，而催眠剧疗法却可以一显身手，使患者康复如初。

对 N 的催眠剧疗法是这样进行的：

催眠剧的第一幕是经催眠师的暗示，N 回到了童年时代，背景是 N 的家庭生活场面。进入角色后，N 的表现出乎人们的意料，他竟完全是一个被动的、受攻击的形象。原来，N 的生母在生下他不久以后，便随他人私奔。继母对他很不好，他常常是父亲和继母吵架斗气后的牺牲品。他憎恨遗弃他的生母、憎恨虐待他的继母，也憎恨对他从来不亲近、尽管物质上能给予他满足的父亲。在他幼小的心灵里，便朦胧地感受到人间没有亲情、只有仇恨。于是当在家受到攻击而又无力反抗时，便迁怒于他人，攻击比自己更弱小的对象，种种不端之举，便由此而来。通过这第一幕，治疗学家清晰地把握住了导致 N 反社会型人格障碍形成的最深层的、最根本的原因。

催眠剧的第二幕除有催眠师和 N 参加外，治疗学家还请了一男二女作为助手，让他们分别扮演 N 的父亲、生母和继母。在催眠师的暗示诱导下、鼓励怂恿下，N 开始对"父亲""母亲"进行谴责，并最大限度地予以宣泄。

催眠剧的第三幕是让 N 扮演某个恶性事件无辜受害者的角色，让他充分地感受受害者的心情，让他品尝无辜受害的味道。这一幕的目的是帮助 N 建立"超我"，使他的良心机制能正常运行。

催眠师的第四幕是让 N 扮演自身在现实生活中的角

色，让他能以想象的方式回顾自己的种种反社会行为，并由剧中的受害者对他进行严厉的谴责，让他体验犯罪感和内疚感，让他感受自己惯常的行为模式与社会规范、与良心是多么格格不入。最后，再暗示他只有通过改变原先的人格特质、行为模式才能消除内心的不安感、愧疚感。

通过以上催眠疗法，N的人格特质发生了很大的转变。虽然在以后还出现了几次越轨行为，但程度都不那么严重，而且在咨询心理学家的帮助下，事后体验到内疚感，并逐渐能够遵从社会所认可的行为规范，最终过上了遵纪守法、安居乐业的生活。

十二 社交恐惧症

社交恐惧症是一种对任何社交或公开场合感到强烈恐惧或忧虑的精神疾病。患者对于在陌生人面前或可能被别人仔细观察的社交、表演场合，有一种显著且持久的恐惧，害怕自己的行为或紧张的表现会带来羞辱或难堪。有些患者对参加聚会、打电话、到商店购物或询问权威人士都感到困难。

社交恐惧的深层原因，主要在于人格中存在着严重的自卑情结。具有此类人格障碍的人，一方面渴望与他人交往；另一方面又恐惧、讨厌、回避社会活动。他们在街上遇到熟人时，心里便不知不觉地感到有压力，并避免与对方正式碰面，甚至连搭乘公共汽车，都感到不安与烦躁。患者如果是女性的话，有时对自己的容貌也感到自卑，因此不想交友。如果看见别人交头接耳说话，自己走过去时他们就停止交谈的话，心里一定会认为，他们是在讲自己的坏话。由于此，在心灵深处对"自我的形象"产生不正确的观念，对自己缺乏自信心，同时对一切变得过于敏感。

不难想象，社交恐惧并不是由什么外部因素引起的，而是个体因缺乏必要的安全感而不能正确地肯定自己。由于社交恐惧而招致的对人际交往的拒绝，把自己局限在自我狭窄的天地中，而这种"自囿"行为又会促使社交恐惧进一步发展。平心而论，具有这类人格障碍的人在理性上也想克服自卑情结、战胜社交恐惧。但由于这种人格障碍已深植于其潜意识中，因而在外在实际行为表现中无法摆脱这种阴影。如果这种心理上的痼结过深的话，即使在潜意识全面开放的深度催眠状态中，一两次暗示诱导也无法全面、彻底地解决问题。临床实践表明，催眠状态下的系统脱敏疗法对社交恐惧症有较好的治疗效果。

这里所言及的系统脱敏疗法与传统的系统脱敏疗法有所不同，区别之处在于，我们这里所介绍的系统脱敏疗法是在催眠状态下进行的，而不是像严格的行为主义的系统脱敏疗法，是在清醒状态下进行的。目前，心理学中的学派纷争已不像以前那样壁垒森严、互不相容，各种理论、各种方法、各种技术开始出现相互取长补短、融合的趋势。临床实践证明，综合了催眠术和行为主义疗法的催眠状态下的系统脱敏疗法，对于许多心理疾病（当然也包括人格障碍）的治疗，具有奇特的甚至是立竿见影的功效。

系统脱敏是行为疗法的一种治疗程序，即当反应处于抑制状态时，连续对患者施以逐渐加强的刺激，使其不适反应最终被消除。通俗地说，当一个人的心理上的痼结过于强烈之时，一次性的暗示或者行为指导往往难以奏效，只有渐次地消除其不良的反应，渐次地建立其良性反应，才能逐步彻底改变其不良行为，建立起良好的、恰当的行为模式。自然，在清醒的意识状态中，通过各种手段也能达到一定的目的，但是，如果和催眠术结合起来使用，效果将会更快、更好。因为催眠暗示具有良好的累加性的特征，更易诱发并巩固系统脱敏的作用。

具体实施过程是这样的：施术前先列出社交恐惧的系统表格，列表的顺序是从患者最害怕见到的人或社交场面，到害怕程度最低的所见到的人或社交场面。并和患者充分讨论、交换意见，以对所怕见到的人和场面的细节能有充分的了解。总之，尽可能多地占有第一手资料是施术取得良好效果的重要保证。

如果患者的心理痼结较深，即自卑情绪顽固，社交恐惧严重的话，在头几次的催眠治疗中，不应急于对病症立即予以治疗。明智的做法是：先要求受术者在催眠状态中身心高度放松、反复体验放松后的快感。这是因为，社交恐惧往往和高度的神经紧张紧密联系在一起，不消除紧张感，身心不能高度放松，其恐惧心理亦无法解除。除了在催眠状态中令受术者高度放松外，还需要在清醒的意识状态中教会患者掌握自律训练法。这样，可让患者自己进行练习，以增强催眠放松的效果。

在放松达到预期效果，患者的紧张感基本消失以后，催眠治疗便可转入第二步工作——消除社交恐惧症的心理根源——自卑情绪。关于此，可以运用直接暗示的方法，也可以运用角色转换的方法，或运用后催眠暗示的方法。一言以蔽之，彻底打消自卑情绪，恢复和增强自信心，改变其原有的人格模式。这一步，对整个治疗的成败起着举足轻重的作用。

治疗的第三步就是运用催眠状态下的系统脱敏疗法来逐个消除其症状了。具体做法是将放松反应同患者想象中的各等级水平的焦虑诱发刺激依次进行匹配。最初，先让患者想象微弱的刺激，即表格所列害怕程度最低的所见到的人或社交场合。如果患者仍能保持放松，则可以想象下一等水平的刺激。以此类推，一直进行到最恐惧等级水平的刺激。如果某一等情况的刺激引起了患者的焦虑与恐惧，则就重复这一步骤，直至患者在想象这一刺激情况时能保持完全放松为止。最后，到所有的等级水平的刺激进行完之后，患者就已经学会了以放松取代焦虑，来对先前使其产生焦虑与恐惧的所有刺激情境进行反应。

由于这种系统脱敏的方法是在催眠状态下进行的，因此，它有如下几个特点。

其一，由于催眠状态中经催眠师的暗示诱导，受术者很容易出现幻觉。所以，它比清醒状态下的想象更加逼真，也更容易实现。这就为治疗的顺利进行创造了优越的条件。

其二，催眠状态中，患者对自身的"肯定"更容易实现。因为，在这种状态下，自卑情结已经不再能够左右、支配受术者的所有心理活动以及外界的反应了。

其三，在催眠状态中，伴随着受术者对每一刺激情境反应过程，催眠师将进行一系列的言语暗示诱导。例如，当社交恐惧症患者在幻觉中乘坐公共汽车，汽车上有许多人（原先患者对与其他人目光相接触感到恐惧和焦虑），大家有意无意地相互看上一眼。此刻一边让患者在幻觉中体验，一边催眠师进行如下暗示诱导：

> 现在，你坐在公共汽车上，汽车开动时的振动感传遍了你的全身，使你的心情变得很舒畅，情绪很稳定。由于汽车上人很多、很挤，人们面对面站着时不免目光相接触，有意无意地看上一眼。以前，你可能对这种情境感到害怕，今天可不是这样！今天您感到很正常、很自然，一点也不焦虑。今后也是这样，更也不会对人与人之间的目光接触有恐惧感了……好的，你对这一刺激情境已经完全适应了，今后在清醒的日常生活中也是如此。

十三　学校恐怖症

所谓学校恐怖症，系指儿童异常害怕上学，经常以呕吐、腹痛为理由而请假不上学。即使勉强来到学校，也是沉默寡言，学业成绩不佳，对任何事情都缺乏主动性，与老师、同学都不能进行正常的交往，被老师和同学视为"怪孩子"。据统计，1000名儿童中约有17名由于对学校的过度恐惧而不能上学。这种儿童往往不愿离开亲人或离开家。因为教师和同学不能随时满足他们的要求，或以他们为中心给予特别的照顾，甚至对他们的缺点经常给予严厉的批评，这就引起他们强烈的焦虑与恐惧，致使出现某种躯体症状。作为一种心理疾病的学校恐惧症，思想教育难以收到很好的效果，当然也不能消除他们的心理疾病。利用催眠术的方法，则可以使他们的症状及其精神面貌得到较大的改观。下面，我们将详细介绍一则催眠师治疗学校恐怖症患者的案例：

W是一名初二年级的男生，据他的教师介绍，W的特点是：孤独、不讲话、学业成绩不佳。老师从来没有听他说过一句话，所以也不知道他到底有什么想法或困难。

在催眠师与W的第一次面谈中，催眠师还请来了与W相对较亲近的两位同学X和Y。以三人为一组，事前没有告诉他们面谈的真正目的，只是说："我想了解学生的情况，所以请你们来谈谈。"开头三人都很紧张，催眠师便与他们闲聊几句，接着说："既然大家到了图书室（面谈地点是在图书室），不如让我们先来翻翻书吧。"这么做的目的，是为了消除W的紧张感。

W稍微犹豫了片刻，看到他的同学已采取行动，便模仿他们，从书架上拿下一本《汤姆·索亚历险记》。虽然动作慢慢吞吞，却十分有耐心，看得出来，他并不是不喜欢读书。这种和谐的气氛持续了20分钟以后，接下来就进行谈话。

谈话不是以单刀直入的方式进行，而是从比较琐碎、愉快的事情开始，逐渐引入了核心话题。催眠师问道："你们现在开设哪些课程？新生训练时对学校生活有什么感想？现在又有什么感想？你们班级的情况怎么样，有哪些优点和缺点？与班上的同学相处如何？目前班上流行什么样的游戏？你们也参加吗？你们喜欢从事哪些活动——读书、游戏、品尝美食或其他，情形各如何？你们认为自己怎么样？对将来的前途有什么打算？回家后都做些什么？家庭与家族的情况如何？住宅附近的环境如何？……"由于X踊跃发言，Y也开始积极地讲话，这使气氛变得十分热烈。W开始只是偶尔点点头，表示附和；后来，在谈话进入自由聊天阶段时，催眠师间或用目光来鼓励W开口发言。于是，W也开口讲话了，并露出了笑容。由此可见，W并不是真正一言不发的人，只是对环境、气氛的要求比较高而已。W的讲话内容可归纳为以下几点：功课方面虽然缺乏自信，但并非不喜欢。刚入学的时候害怕高年级学生，现在仍然有一些害怕，同时也害怕几位老师。在班上没有什么特别亲近的同学，但觉得这并没有什么不好。最厌恶粗暴的行为，喜欢棒球运动。从来没有考虑过自己的前途。回家后和弟弟以及邻居的孩子玩，所以，在家里不会感到寂寞。

第一次面谈结束后，催眠师告诉 X、Y 和 W："三个人一起来，可能妨碍个人的行动，所以下一次希望和你们个别面谈，这样谈话的时间可以长一些。反正只是看看书、随便聊聊。可能的话，不妨将平常所做的消遣的事，也和我谈谈。"经观察，他们三人都没有呈现紧张不安的趋向。

第二次面谈只有 W 一人。还是先让他自由地翻翻书，然后对他说："现在我们一起来做做操，松弛松弛身心，你会感到十分舒畅，精神也很愉快……好的，现在再让我们做深呼吸，你会感到更加舒服……"在做操与做深呼吸时，催眠师采用适当的语言，将 W 导入较浅的催眠状态。接着，要求 W 读一段书。开始的时候，W 低声诵读，但经催眠师的鼓励、诱导，声音逐渐变大，大大方方地读完了一章。读完后，催眠师再进行一系列的暗示："你读得很好，原来你的潜能很大。以后在课堂上，你不需要再畏缩，可以积极要求起来读书。相信你今后独处时，也能像现在这样充满自信，你可以轻松地和老师自由交谈，也能够大胆地回答问题。以后你在课堂上不会再胆怯了，能够充分理解老师的授课内容，即使有不懂的，也会去问。你也不再孤独了，而会去主动结交朋友。"

像这样一次 30 分钟的朗读与交流之后，按照上一次所约定的，让 W 谈谈在家里玩耍的情况，结果他滔滔不绝，无所不谈。第二天老师和催眠师见面时，惊喜地说："W 已有了很大的改变，今天早上他面带微笑和我谈了好一阵子话。"

第三次面谈一开始，催眠师就用呼吸法把 W 导入浅度催眠状态。先令其读书 10 分钟，然后与其他人一起进行座谈。这次 W 显得很放松，能与其他人自由交谈，没有任何抵抗或害羞的表现。在解除催眠状态以后，也是如此。

三次面谈，治愈了 W 的学校恐怖症。后来，他上课能积极发言，甚至自告奋勇要当小老师，课外也能和同学一起活动、交往。W 的精神面貌为之一变。

十四　焦虑症

在心理学中，焦虑是一个不够明确的概念。最早对焦虑作出解释的是著名精神分析大师弗洛伊德。他开始的解释是，焦虑是性释放不完全的结果，不久又把焦虑归结为受阻碍的性释放的兴奋所引起的紧张状态。后来，他又发现这种解释有不尽如人意之处，于是又提出了新的看法，即焦虑是一种自我机能，它是人们警惕将要到来的危险，并对之做出的相适应的反应。

在后继学者对焦虑的研究中，提出了对焦虑的操作性定义，即认为焦虑是一种实际类似担忧的反应；或者说，是对当前或预计到的对自尊心有潜在威胁的任何情境具有一种担忧的反应倾向。这里，必须把焦虑与各种担忧反应区分开来。确切地说，焦虑指的是对自尊心的威胁，而担忧通常是指对身体健康的威胁。例如，当一个人在黑夜里行走看到猛兽时，这个人会感到十分担忧，而当一个人体验到或预料到失败而丧失自尊心时，则会感到焦虑。

根据心理学家的研究，焦虑就其性质而言，可分为正常焦虑与过敏性焦虑。凡是由客观情境引起的正常人的焦虑称为正常焦虑。比如说，当某个学生面临着关键性的考试，考试的成绩与他的升学就业密切相关时，对于那些不大有把握的学生来说，就会产生焦虑，这种焦虑就属于正常焦虑。过敏性焦虑指的是对自尊心的威胁不是直接来自客观情境，而是来自已经受到严重伤害的自尊心本身。一个神经过敏的人，经常会处于一种比较高度的觉醒与紧张状态，往往对一般的中等困难的任务作出过敏性的反应。

临床心理咨询和心理治疗发现，焦虑症是一种相当普遍的情绪障碍，同时又是诱发其他类型情绪障碍和心理障碍的一个主要源泉。神经过敏性焦虑症是由已经受到伤害的自尊心本身所诱发的，患者主观上还有夸大自己的失败、忧虑、紧张和恐惧的倾向，时时会出现对恐惧的预期、紧张和坐立不安，以及不安定的、刻板的运动。睡眠和注意力的集中也是断续的和贫乏的，并且变得易激怒、脾气暴躁、灰心丧气和不耐烦。

下面，我们就来具体谈谈焦虑症的催眠疗法。

（一）放松

在以各种学说为理论基础的焦虑症的心理治疗技术中，放松都是首要的、必不可少的一个步骤。这是因为，在放松状态下，各种心理治疗技术的施展才有可能。对于焦虑症来说，放松也是与焦虑症表现相对立的一种心理状态。可以毫不夸张地说，如果在焦虑症的治疗中，患者没有达到放松状态，他们的疾病不可能得到根本的治愈，甚至连症状缓解的可能性也不存在。然而，在治疗实践中遇到的具体问题是，在清醒的意识状态下，有些患者要想达到真正的、完全的放松境界非常困难。因为，不能放松正是其焦虑的典型表现。这样一来，治疗学家就陷入一个"怪圈"——治疗焦虑症需要放松，不能放松又是焦虑症的典型表现。那么，如何走出这一窘境？有人试用镇静剂和肌肉放松剂（丙烯炔巴比妥钠）来帮助患者放松。但显而易见的是，镇静剂和肌肉放松剂都存在副作用，即使使用也需要在有经验的医生监督下进行。

于是，治疗学家就把目光转向催眠术，利用催眠术的效应作用来帮助患者进入放松状态。例如，行为疗法大师沃尔普就经常这么做；特别是在经放松训练仍无法达到放松状态的患者身上，更是如此。确实，受术者能进入催眠状态这一事实本身，就说明了他们已经进入了放松状态。在催眠状态中放松的效果又是在清醒的意识状态中所不能企及的。特别需要强调的是：

在催眠状态中，不仅全身的肌肉能达到高度放松，而且心理上亦能达到高度的放松，这是在清醒的意识状态中很难做到的。

在催眠状态中放松的程序是，先进行全身的肌肉放松。受术者全身的肌肉放松顺序按照催眠师的暗示指导语依次进行。

例如："现在我要求你面部肌肉放松……颈部肌肉放松……腿部肌肉放松……"这与将受术者导入催眠状态的躯体放松法相似。不过，这里所进行的放松的顺序最好是由上部到下部，这对放松效果有帮助。最为重要的是要求受术者反复体验放松后的舒适感、愉悦感，并反复暗示受术者在恢复清醒状态以后，仍有此感受。肌肉放松完毕之后，便可进行心理上的放松。心理上的放松方法是向受术者描绘或由受术者在想象中描述一些场景，如静寂的大森林、宁静的湖泊、小桥流水、田园风光、渔歌晚唱等远离大都市的喧嚣、人世间纷争的景象。先令受术者专心致志地赏玩，接着要求与之融为一体，最后再诱导受术者因此而产生宁静、空灵、如羽化而登仙的感受。一旦受术者能获得这样的感受，就证明其心理上已达到完全放松的境界。在这一程序中催眠师要做的工作是：帮助受术者描绘宁静的气氛；称赞受术者心理放松状态的出现；要求受术者反复体验这种心理放松状态的愉悦感。

（二）想象

在受术者进入中度催眠状态、幻觉出现以后，可要求焦虑症患者进行想象。要求受术者进行想象有两个目的。

其一，有时，导致患者产生焦虑的认知因素一时难以发现。如前所述，认知因素在情绪、情感及其情绪、情感障碍的产生中占有决定性的地位，对认知因素弄不清楚或解决不了，整个治疗活动将毫无效果。因此，欲解除情绪、情感障碍，必先探明认知因素。而想象处于某一情境之中，产生最坏的情绪反应，这样就可以进一步探察他们的想法，从而得到其不合理的认知因素。

其二，让受术者想象最令其焦灼不安、最不能使之忍受的事情发生了。这样，可使患者产生极端的负的情绪反应。然后，再经由催眠师的暗示诱导，要求他们在其幻象中变这种极端的负的情绪反应为适度的情绪反应（譬如，对考试的极度焦虑转变为对考试泰然处之的态度，甚至抱有跃跃欲试的态度）；患者在这种想象中体验到了情绪的变化之后，可进一步让他们报告后来是怎么想的，使其认识正是不同的信念系统使他们产生了不同的情绪反应。如此做法，一方面可使其对某些特定的、原先曾多次诱发其焦虑的情境产生适度的情绪反应；另一方面可根除患者错误的认知因素，以从根本上治愈焦虑症。如同放松法一样，想象法也为各种心理治疗技术所倚重。但正如沃尔普所言，在清醒的意识状态中，整个治疗过程都必须得到患者的合作。如果患者不愿意去注意或想象治疗学家所要求他们去注意或想象的情节，那么，整个治疗程序都将无所作为。事实上，许多焦虑症的患者一方面有意识地、积极地寻找治疗；另一方面又于无意识之中竭力地回避治疗。特别是让他们想象诱发其焦虑的情境，正如同揭他们的伤疤一样，更是他们所十分不愿意做的事。这样，理性中的积极要求治疗与非理性中的竭力回避治疗，就构成一对矛盾。这对矛盾使治疗学家与患者同时进入令人窘迫的境地。正如我们所多次言明的那样，在催眠状态中受术者的意识一片空白，潜意识也完全或基本上为催眠师所操纵。所以，在催眠状态中令患者进行各种想象活动易如反掌，受术者可以轻易、迅捷、高效地从事催眠师所要求进行的想象活动，而不会出现任何有意识和无意识的反抗。

（三）系统脱敏

如患者的焦虑症状比较严重，一次性地消除可能难以奏效，或因爆炸式的焦虑诱发情境可能会导致患者精神崩溃。此时，则需运用催眠状态下的系统脱敏疗法，从患者最少感到焦虑的情境到最为严重地感受到焦虑的情境，逐步呈现，以解除其焦虑症的种种表现。

十五 抑郁症

抑郁症属于低弱的情绪、情感障碍。为了在进行治疗时有所侧重，使治疗更具有针对性，心理治疗学家还对抑郁症进行了分类。其中，最为常见的分类是将抑郁症分为内源性抑郁症和外源性抑郁症。内源性抑郁症是由生理上的原因所诱发的；外源性抑郁症是由环境因素所导致的。一般说来，内源性抑郁症比外源性抑郁症在症状表现上更为强烈。内源性抑郁症特别表现为减慢的运动反应、极深的郁郁寡欢、缺乏正常的反应性、一般兴趣丧失、午夜失眠和缺乏自我怜悯。不言而喻，这样的分类有牵强附会的一面。事实上，任何抑郁症往往都是生理因素和环境因素相互作用的结果。要想清晰地区分出哪些是生理因素的作用，哪些是环境因素的作用是困难的，甚至是不可能的。不过，区分出主要是由哪一方面的因素所引起，则是可能的，也是必要的。

根据各派心理学家对抑郁症问题的研究，导致抑郁症产生的主客观因素主要有以下一些。

生理因素。据美国心理学家斯托曼所著《情绪心理学》一书所载：

在抑郁病人的电介质新陈代谢中存在着失调。钠和钾的氯化物对神经系统潜力的维持和兴奋性的控制是特别重要的。正常情况下，神经元外部有更多的钠，而内部有更多的钾。但在抑郁的病人中，这种分布紊乱了。

遗传学的研究还发现，同卵双生子中的一个患有躁狂抑郁症，另一个染上同样疾病的可能性有 66%；异卵双生子中的一个患有躁狂抑郁症，另一个染上同样疾病的可能性是 16%。

认知因素。贝克则认为，认知因素是产生抑郁症的最重要的原因。贝克指出：抑郁症患者由于自身认知上的偏差，从而用自我贬低和自我责备的图式去解释所有的事件。贝克描述了以下四种类型的逻辑错误。

● 任意的推断。推断中并不存在结论的论据（我是无用的，因为我去买东西时商店已关门了）。

● 选择性抽象。其中结论只来自许多可能性中的一种因素（我所工作的公司尽是无知的人，这是我的过错）。

● 超泛化。或者说从一个琐细的出发点做出很大的结论（我是完全愚蠢的，因为我不明白那一点）。

● 放大和缩小。这只涉及判断操作中的错误（我说了一个无恶意的谎言，结果完全丧失了所有的诚实）。

人格因素。在精神分析学派看来，产生抑郁症的主要原因是人格因素。弗洛伊德认为，如果儿童的口欲需要是超满足或不满足的，那么儿童可能发展一种对自我尊重的过分依赖性。于是，如果儿童失去了一个所爱的人，就把失去的人完全自居地内投于自身。由于儿童对所爱者的某些情感是消极的，就会恨自己或对自己感到愤怒。同样，儿童愤恨地把这个丧失看作背弃，为背弃了自己的人的过失感到有罪。然后儿童哀痛着，把自己与失去的人分割开。在过分的依赖者中，这种倾向能发展为自我虐待和自我责备并导致抑郁症。结果与失去的人的联结永不会消失，且自我申斥继续着，像自我愤恨一样。所以，弗洛伊德把抑郁症看成转向针对自己的愤怒。

　　临床实践表明，催眠术对抑郁症的治疗效果非常显著。这主要是由患者的心理特点所决定的。一般说来，抑郁症患者的智商都达到正常或偏高的水平。这就决定了他们对催眠师的暗示指令的领悟力比较强；又由于抑郁症患者常有感受细腻、内心体验深刻的特点，所以他们的暗示性也比较高。以上两个特点，决定了抑郁症的患者既有可能较快进入催眠状态，又有可能在催眠状态中很好地接受治疗。

（一）宣泄法

　　笔者曾接触过一位女青年。她才思敏捷、格调高雅，不屑与世俗为伍，因而招来了一些人际关系上的麻烦。她的气质类型属于抑郁质，情绪压抑、低沉，故而将忧伤与痛苦郁结在心头，所以心境一直处于消极状态，精神不振。在对她的心理问题有了一个大致的了解之后，我们将她导入催眠状态。经检查已达到中度催眠状态后，便暗示她："现在，你放声哭吧，把平时的忧伤、焦虑、不满、委屈统统发泄出来。"在大约一刻钟的时间里，不断地暗示她放声地哭、尽情地哭，要求她尽情宣泄。然后，再诱导："通过尽情地宣泄，你现在已经感到舒服多了，现在你的心情渐渐转好，不想哭了，已经完全停止了。"通过一番调整情绪的暗示后，受术者恢复了平静。此时，再对她的问题做一些针对性指导。醒来以后，她果然感到心情舒畅，有一种豁然开朗之感。

　　一般说来，对于有抑郁型心理问题的患者，对于经常处于高度紧张和焦虑状态的人，对于那些蒙受挫折（如失恋等等）而心境不好的人，宣泄法都具有良好的效果。鉴于此，在心理疾病的临床治疗中经常运用这种方法。

（二）电影法

　　电影法与催眠梦颇具相似之处。当受术者处于中度催眠状态以后，一面令其想象所暗示的情景，一面给予如下暗示："你现在想象自己在电影院里……大约坐在第十排，你能看到白色的银幕吗……场内现在灯光很强，所以银幕上没有什么图像……这一切你都看清楚了吗……好的，下面我开始数数字，从一数到五。当我数到五的时候，电影院里面的灯光将全部熄灭，银幕上则将出现图像。现在我开始数数字：一、二、三、四、五！好的，现在灯光全部熄灭，画面出现在你的眼前，而且愈来愈清楚……好的，现在我要求你将注意力集中在××情境上，注意力高度集中！很好，你现在在银幕上看到了这个情境……看得非常清楚，你告诉我你看到了什么，你在这个情境中扮演着一个什么样的角色，别人怎样看待你，你怎样看待你自己，你在想起什么，你在做些什么，把这一切统统详细地、毫无保留地告诉我。"

　　很清楚，这里所给予的情境当然是经常诱发其产生抑郁情绪的情境。受术者在银幕上所"看到"的自然是自我的心象。上述一系列的问话就可以真切地揭示出产生抑郁症的原因了。

（三）观念矫正

认知因素在情绪、情感的产生中起着决定性的作用。抑郁症患者由于自身认知上的偏差，从而用自我贬低和自我责备的方式去解释所有的事件。有鉴于此，矫正其错误的观念和信念，是治疗抑郁症的关键问题之一。观念矫正可从两个方面来进行。其一，在受术者的心理防卫机制和先前的心理定势不起作用的催眠状态下，催眠师以坚定果断的语气、简洁凝练的语言、有理有据的论证，铲除深深地根植于患者潜意识中的错误信念。还可以用抹去记忆的遗忘法来清除其错误信念。这一系列工作的意义在于"破"——破除其原先的观念。其二，运用一系列的肯定暗示，把新的、正确的观念输入患者的潜意识中，并要求受术者深入地琢磨这些肯定暗示的内涵，要求他们将这些肯定暗示予以内化，直至成为其人格的一部分。自然，这些肯定暗示指导语应根据患者具体症状而定。这里想以举例的形式列几条：

我能够做到；

我正在达到我的目标；

我的情绪很高涨（或很平稳）；

我现在极其镇静；

对人、对事，我已有了全新的观念；

我的情绪活动与其他心理活动非常协调；

……

还有其他一些催眠疗法，如症状排除法、年龄倒退法、心象减感法、思考·预演法等等，都对抑郁症的治疗有所助益，这里就不一一阐述了。

第十章　催眠术与自我改善

认识自我，接纳自我，进而改善自我！以全新的面貌来适应现代社会的挑战，是现代人必须面临的课题。在本章的论述中，我们将向读者提供一种技术性帮助，即借助催眠疗法来改善自我的身心状态。事实已经证明并将继续证明，这种帮助是富有成效的。

一　减肥

按照今日之时尚标准，肥胖已成为"全民公敌"。渴望和追求苗条是大部分人的心态，肥胖已成为一种现代人避之唯恐不及的现象。从理论上讲，减肥的原理简单至极，即只要你消耗的能量大于摄入的卡路里，体重就会减轻。为什么这么简单的任务大多数人就是完不成呢？请听听心理学家对肥胖的解释。

（一）肥胖的原因

如果有人说，肥胖在很大程度上是由心理因素造成的，你信吗？如果有人说，贪吃是受环境暗示所致，你能认可吗？如果有人说，有一种催眠疗法对于减肥颇有效果，你愿意试试吗？

1. 过量进食的内因："嘴饥饿"

对大部分肥胖者来说，肥胖的原因是进食过多。

为什么会进食过多呢？

最朴素也最简洁的回答是："我饿。"

但饥饿分为两种，即胃饥饿和嘴饥饿。胃饥饿指吃饭是为了填饱肚子。因胃饥饿而吃东西一般来讲不会引起肥胖。嘴饥饿则是由心理因素所引发。

分析引发嘴饥饿的心理因素有以下几个。

其一，吃得多可以得到较高的社会评价。这是在人的童年期形成的情结。人在童年时期常得到父母这样一些明确的指令和无意识的暗示："吃得多的是好宝宝，吃完饭将带你去玩……"所有这些都诱发了儿童过量摄食的动机。于是，吃得多，就长得胖，家长还大加赞许；吃得愈多，得到的社会评价就愈好的心理情结就此形成。这种情结一直影响到成人期的行为。

其二，食物是缓解痛苦感情的工具。童年时期肚子饿的时候，往往也是心情不好的时候。如果这时给他吃点东西，便会得到慰藉，并心情转好。于是，在潜意识中便将食物的摄入与欢快的情绪联结起来，形成了一种无意识的心理定式。另外，成年期其他欲求的不满足也有可能以食欲的满足来予以替代。有学者指出，对于慢性肥胖的人——不管是在愤怒、恐惧、害羞、失落、愧疚、孤独还是悲伤的时候，他们都会吃较多的食物。在肥胖者当中，确实存在因感情问题而滥用食物的现象。临床发现某些肥胖者，是由于情感需要未获满足，而用食物来补偿，结果吃得过多，肥胖成疾。心理学家还发现，一般人是焦虑时食欲降低，食量减少；而肥胖者在焦虑下反而会增加食欲。对此，心理学家的解释是：可能是父母在育婴期间，因缺少经验，养成婴儿不良的习惯所致。婴儿常因多种原因而哭泣，饥饿只是其中原因之一，而父母可能误认为只要啼哭就与饥饿有关。于是，只要婴儿啼哭，父母就立即喂奶，结果使婴儿无法辨别什么是饥饿，什么是难受。

专家们曾对 40 名习惯于情绪性进食的肥胖症患者实施了心理疗法。在治疗的过程中，医生努力使患者对食品以外的事物产生了兴趣，学会了用"脑"而不是"胃"来解决生活中的问题。结果是，心理疗法提高了节食和锻炼的效果，上述 40 位患者在结束减肥疗程一年多后，均保持了原先的减肥效果。

其三，工作压力过大，容易让人发胖。这是英国研究人员最新的一项研究成果。医学研究已经发现，来自工作的这种长期压力与心脏病和代谢综合症均有关联。此次伦敦大学医学院的埃里克·布伦纳及其同事发现，上班族的工作压力越大，变得肥胖的可能性也越大。

研究人员共对 6895 名男性和 3413 名女性进行了长达 19 年的跟踪调查，被调查者在调查开始时的年龄为 35~55 岁。调查过程中，这些人定期提交有关工作压力大小的调查问卷。结果发现，那些至少在三次问卷中表示自己工作压力大的人，比从未感觉工作有压力者的肥胖可能性要高 73%。

布伦纳等人认为，上述调查结果提供了"强有力的证据"，证明工作过程中的高强度心理负荷是导致肥胖的重要因素。

其四，潜意识中对饥饿的恐惧。为什么愈是贫困地区请客愈是讲排场，所上的菜多得肯定没法吃完？而愈是富裕的地区愈是讲究节俭？为什么暴发户总是喜欢大吃大喝？分析其深层心理动机，那是潜意识中对饥饿、对贫穷的恐惧。有学者指出："有机会就吃"，是人类祖先生活在艰苦时代留下来的文化遗产。古人谋食不易，一旦获得食物，就尽量填饱肚皮，供以储存，以防饥饿之时。在长期饥饿之后，一旦获得食物，此种多吃储备的文化现象便显现。此种文化倾向流传下来，即使今日生活上不虞食物匮乏，而潜意识里的心理倾向却仍然存在。因此，节食是一种勉强的、理性的、违反本意的自我限制。肥胖者在减肥初见成效之后，或美食置于其面前之时，潜意识中"有机会就吃"的冲动就浮现出来。

2. 过量进食的外因：环境暗示

心理学家沙赫特和他的同事们所做的实验得出这样一个结论：肥胖的人之所以难以控制他们的体重，是因为他们对环境里不可控制的外界线索作出反应而进食。实验表明，体重正常的人正好相反，他们吃东西主要是对内在的生理腺作出反应。正常人进食，是因为其内在的摄食系统"告诉"他这样做，而肥胖的人不论在什么时候碰到和食物有关的外界刺激就会发生反应。也就是说，他们进食的真正原因不是一种实际的需要，而是受环境暗示的结果。换言之，是被环境催眠了。

例如，走过油炸甜食店或是在电视上看到冰冻烘馅饼广告，他就想吃东西。体重正常的人也碰到同样的刺激，但是他的摄食行为缘自内在需要而不受外界控制。由此推理，如果肥胖的人把自己和这些刺激隔离开，那对他来说要变瘦就很容易。实际情况就是这样。如果把胖子送进医院，让他们没有电视、杂志和一切与食物有关的刺激，他们就会减轻体重，而且并不感到多大的痛苦和不舒服。但是当他们出了医院，回到了有冰箱、餐厅的世界，那儿有麦当劳汉堡包、31种口味的冰淇淋，事情又怎样呢？一点不错，他们又重新恢复了体重。

进一步实验表明，肥胖者主要受以下三个外界线索的影响。

影响肥胖者进食的第一个外界线索是时间。

在一次精心设计的实验中，沙赫特和格罗斯发现：

当你骗胖子使他相信是吃饭时间（钟表是一种外部刺激）到了，他们就会吃东西，而体重正常的人却不吃。被试者在下午较晚的时候，被带入实验室参加试验。他们工作的房间，有一个座钟拨得比正常的快一些或慢一些，如果准确的时间是5：30，把钟弄得快一点，拨在6：05，或慢一些拨在5：20。做实验的人走进屋子，大声地咀嚼饼干，手里还带着一盒饼干。他把饼干放在桌上，请被试者随意使用。如果钟上指示6：05，那么胖子所吃的量正好大约是钟指示5：20时的两倍，而体重正常的人就相反，他们在6：05（伪造的时间）时吃的比在5：20时吃的较少。说他们不愿多吃，因为那样即将来临的正餐就没味了。总之，肥胖的人对钟表这一外部刺激做出反应，增加食物的摄取量，就因为他们认为这是吃饭时间。由于在两种情况下真实的时间都是5：30，内部刺激应该是相同的，如果他们的饮食受内部控制，那么不管钟表指示6：05还是5：20，他们应该摄取相同的食物量。

影响肥胖者进食的第二个外界线索是食物的色、香、味。

肥胖者对美味食品的反应高于非肥胖者。

斯加切特拿了两大杯不同的冰淇淋要受试者品尝，以决定哪一种比较好吃。受试者可以自行决定要吃的量。只要受试者认为所品尝之量已足以判定哪一种较为好吃。这两杯冰淇淋中，有一杯掺有奎宁，另一杯则是可口的冰淇淋。结果发现，胖子常是将好吃的那杯全部吃完，而带有苦味的那杯尝一口后，才说出哪一杯比较好吃。而非肥胖者则是每样各吃一匙，就说出哪一种比较好吃。

影响肥胖者进食的第三个外界线索是食物的易取程度。

尼斯伯特设计了一个实验：在一个房间的桌子上放一碟三明治，此外，冰箱里也存放着三明治。碟子中的三明治，有时放许多片，有时只放一片。被试者愿意吃多少就吃多少。碟中的三明治不够时，可以到冰箱里去自取。结果发现，肥胖者趋向于放几片吃几片。非肥胖者则是两次较为恒定：如平时吃3片，当碟中是10片时，他只取食3片；如碟中是1片时，则到冰箱里自取2片。肥胖者则懒得去冰箱取食。

以上实验表明，肥胖者的进食行为，较多地受到外界刺激的影响；非肥胖者则受到体内因素的调解。有人推测，肥胖者不能区分饥饿与其他焦虑、恐惧、生气等唤起状态的差异，因此，必须依赖外界线索引导进食。

　　既然肥胖的人对和食物有关的外界刺激敏感，我们就可以了解他们体重减轻了之后容易反弹的原因了。了解了这些原因，相信减肥也就不那么难了。要学会调整自己的生物钟，使进食随着自己内在的生理需求而调节，形成一定的规律，并能抵抗外界的诱惑。外界的环境我们是不能够控制的，但是，我们可以做到转移自己的关注点，逐渐使自己的关注点转向内部，根据自己内部生理线索做出反应。

（二）减肥的自我催眠方法

　　谁都知道，减肥必须限制食物量和某些食物品种的摄入，而对于肥胖者来说，这是一件非常痛苦的事情。因为，限制食物的观念与方法，会引起当事人内心深处的敌意，这种敌意又会转化为潜意识中的抗拒。有些人在限制食物量并使体重减轻了几公斤后便放弃了，结果又是故态复萌。经由催眠疗法，可以解决这一问题，既可限制食物量及其品种，又不至于使其心理上产生敌意和抗拒。

　　具体做法是这样的：

　　通过自我催眠自律训练法的练习，以获得放松感、安静感、四肢的沉重感、四肢的温暖感、腹部的温暖感、额部的凉爽感。上述诸种感觉的获得，便证明自己已进入自我催眠状态。在此状态中，对自己作如下暗示。

1. 动机强化暗示

想要保持恰当体重的动机对减食来说是非常重要的。在自我催眠状态中，对这种动机予以强化并使其渗透到潜意识中，对减食目标的实现有很大帮助。具体暗示指导语大致是这样的："科学家们的研究已经证明，人愈是肥胖，寿命愈短。另外，过于肥胖，会给身体各器官造成过重的负担，行动不便，也很难得到异性的认可。所以，我要减肥。医生已经说了，我的肥胖并不是腺体病变，只要不再吃得过多，只要少吃一点脂肪类的食物，我的体重一定能够很快地减轻。不会错的，肯定是这样的……"

2. 饮食习惯改变的暗示

动机强化暗示结束后，则可进行饮食习惯改变的暗示。暗示语是这样的："今后，我将减少饮食的量，并少吃那些高脂肪的食品。不过，这绝不是什么人强迫我这么做，而是我自己心甘情愿地这么做。而且，这么做并不是限制自己，仅仅是改变一下饮食习惯而已。人们不是经常想到要改变自己的某种习惯吗？这非常正常，不会产生什么情绪上的苦恼，更不会产生敌意。不良习惯改变后，人会变得更加完善，这相当令人兴奋、令人愉悦。好的，从现在起，我就改变过多地摄入碳水化合物、动物性脂肪和甜食的习惯。这不会产生任何苦恼，而会使我体态健美、心情舒畅。肯定是这样的，我也完全能够做到这一点。"

3. 红色指示标志的暗示

体重剧增的一个重要原因是，有些人在一日三餐之间，喜欢吃一些点心和甜食。对于肥胖者来说，这是一个很不好的习惯。但他们往往又克服不了。对于这种情况，可采用红色指示标志的暗示方法。具体做法是，在冰箱和食物橱上贴上一个红色标志，然后，在自我催眠状态中对自己进行反复暗示："只有当一日三餐的时候，我才会开冰箱和食物橱，其他时间看到这个红色标志心里就不舒服。"

对于非生理病变引起的肥胖者，若能将上述做法坚持实施一个月，每天两次，每次 10 分钟左右，必能使体重有所下降，而且也不会产生心理上的痛苦和其他生理上的病变。

二 戒烟

大约所有的人都知道吸烟有损于身体健康，但世界上却有许多人"不可一日无此君"。一方面，政府卫生部门反复宣传吸烟的危害性；另一方面，香烟市场继续繁荣，烟民队伍继续扩大。平心而论，在吸烟者的队伍中，想戒掉烟瘾的人为数实在不少，但成功戒烟的人却不多见。美国幽默大师马克·吐温说过这么一句话："戒烟最容易了，我已经戒过一百次了。"由此可见，戒烟是多么困难。市场上确实有多种戒烟产品出售，但其效果恐怕实难恭维。我们认为，与过量进食相比较，吸烟更是属于由心理因素所引起的一种替代性行为。对此，心理疗法的效果可能要更好一些。

戒烟的催眠方法可分为自我催眠法和他人催眠法。先说自我催眠法。

首先通过自律训练法和其他自我催眠的方法，使自己进入催眠状态。进入催眠状态以后，对自己作如下暗示："现在，我的心情非常平静，非常镇静。所有的紧张感与不安感都完全消失。每天的工作使我产生成就感和充实感。我的身体状况也很好，没有任何不适的情况。我一直有吸烟的习惯，不过现在我感到吸烟没有意思，也没有必要，吸烟有百害而无一利。而且，香烟的味道苦涩、呛人，不仅有损于自身的身心健康，而且也惹人讨厌，尤其是妻子十分反感。既然如此，为什么还要继续吸烟呢？我再也不想手持香烟了，再也不想闻烟味了。绝对是这样的！不会错的！"

再说他人催眠法。

对烟瘾比较重的人，自我催眠法难以收到良好的效果，必须求助于他人催眠法。他人催眠法是在催眠师将受术者导入中度催眠状态之后，受术者的幻觉出现之时开始实施的。

首先，催眠师发出暗示指导语，告诉受术者："现在，你已进入中度催眠状态，你的身心已完全放松，你的感觉也十分灵敏。为此，你感到特别的轻松和愉悦……"

其次，让受术者在头脑中想象正点上一支香烟，或者实际上就让受术者抽一支香烟，然后对受术者进行暗示："现在，你正抽一支烟，和往常一样你感到香烟的味道很好，你体验，体验这种香烟的好味道。如果体验到了，你的脸上就会露出笑容……"

再次，再让受术者在头脑中想象正点上一支香烟，或者实际上就让受术者抽一支香烟。然后，对受术者进行暗示："现在，你正在抽另一支香烟。不过，这一次和刚才不一样，和以往也不一样，香烟的味道很苦、很涩、很呛，非常不好受……好的，现在你继续吸烟，这次味道更苦涩了，更令人难受了，你体验，体验这种苦涩、难受的感觉。好的，现在你口腔里的味道令人不堪忍受，这全是抽香烟的恶果。现在你肯定已经不想抽烟了，实在不想抽的话，就把烟扔掉吧……现在你扔掉了烟，所以心情特别好。今后，你也不想吸烟了，并且一想到吸烟，口腔里便产生苦涩感，心理上也会出现厌恶感……"

最后，再对受术者进行一些有关吸烟危害健康的指导。这些指导中最好多加入一些数据和实例的说明。这么做的目的无非是将有关吸烟有损健康的信念根植于其潜意识中，使其在清醒的日常生活中发挥其效应作用。

一般说来，他人催眠法对戒烟还是行之有效的。不过，在戒烟后的三个月和一年左右的两个时间段中，可能会再度萌发吸烟的念头。这时，如果主观意志力比较强，能够克制一下，戒烟就可顺利成功。如果思想上一松懈，再度拿起香烟，烟瘾将变得更大。那么，再度进行矫正性治疗，那成功的可能性就更小了。这一点必须引起我们足够的重视。

三　戒酒

现代科学已经证实，少量的饮酒对健康是有益的，它可以起到舒筋、活血、化淤的作用。它对于调节人的情绪，活跃人际关系气氛也有帮助。

但酗酒，即饮酒过量，进而出现酒精中毒的现象，那是从任何角度来说都是不可取的。酒精中毒的现象很普遍，在美国人的主要病患中，酒精中毒占第四位，已成为一个重要的社会问题。

在美国某些校园里流行所谓的"喝到昏"——滥饮啤酒直至酩酊大醉，人事不知。学生们喝酒的方法之一是：用浇花园的软管接个漏斗，这样一听啤酒可在10秒钟内喝下。而且这并非绝无仅有的现象。经调查，2/5的男大学生每次饮酒至少在7瓶以上，11%自称为"狂饮者"，换个说法就是"饮酒过度者"。大约有一半男大学生，几乎达40%的女大学生至少一月有2次酗酒。

在20世纪80年代，美国年轻人吸毒人数渐渐减少，但饮酒人数却稳步上升，且年龄逐步下降。1993年的调查发现，有35%的女大学生承认曾饮酒至醉，但在1977年却只有10%。总体上，有1/3的学生饮酒至醉。因此引发了另外的危机：90% 的校园强奸案都发生在醉酒的情况下，强暴者与受害者双方都喝醉了。与醉酒有关的意外事故，是 15~24 岁年轻人死亡的首要原因。

酗酒的负面作用是显而易见的。长期饮用酒精可能损害中枢神经系统，并易于罹患其他疾病，如结核病、肝病等。酗酒也是导致家庭破裂、工作表现不好、个人孤立于社会的重要原因。酒精所带来的高犯罪率和酒后驾车造成的悲剧性后果对社会极为有害。

造成酗酒这种坏毛病的原因是什么？虽然有少量证据表明与遗传因素有关，但大多数学者还是认为酗酒者起初是为了减少因个人问题引起的焦虑才学会饮酒的。酗酒者往往是不成熟和好冲动的人，自尊心不强，感到未能实现自己的目标或标准，而且有经不起失败的表现。

借酒浇愁，这不是现代人的发明，可以说是古已有之，晋代的竹林七贤，唐代的李白都是借酒浇愁的实践者。他们的目标实现了吗？恐怕都没有。到头来还不是"抽刀断水水更流，借酒浇愁愁更愁"！

借酒浇愁从本质上说是一种自我麻醉。那么，自我麻醉的后果又是什么呢？

自我麻醉会使受挫的范围更大，醒来以后压力感更强。

自我麻醉会使人的精神世界彻底崩溃。因为自我麻醉的最直接的结果是使人神情恍惚，萎靡不振，它使人不思进取，它使人自甘堕落。

自我麻醉还使人思维紊乱，正常的认知加工无法进行。在工作中，在生活中，为了应对纷繁复杂的外部世界，我们必须要有敏捷的思维，这是在工作中、生活中采取积极而合理行动的基础，如失去了这一基础，则无异于"盲人骑瞎马，夜半临深池"。

总之，因工作或其他压力导致酗酒，酗酒后又导致工作效率与效益大幅降低，失败的体验又导致更多的饮酒，这就是酗酒者的生活轨迹。

如果说吸烟是一种慢性的有损身体健康的行为的话，那么过量饮酒可能会直接影响并且是快速影响人的身心健康。况且，酗酒还成为一种社会问题，对社会产生这样或那样的危害。

戒酒的自我催眠方法是这样的。

先将自己导入催眠状态，然后进行自我暗示："经过自律训练法的练习之后，我心中的紧张、不安感一扫而光。每天的生活都过得很愉快、很充实，充满无穷的活力，意志力也变得很坚强。以前，我有贪杯的习惯。不过，现在我不想喝酒了。不仅现在不喝酒，以后也绝对不喝酒。以后如果经过烟酒店，看到酒瓶，只会觉得酒味很恶心、很讨厌……"

戒酒的他人催眠法与戒烟的他人催眠法大同小异，都是运用厌恶想象法来戒除其不良习惯，只是具体暗示语不同而已。

四 戒赌

赌博是一种自古以来就有的社会现象，也是一种屡禁不止的社会现象。如今，各种各样、千奇百怪的赌博形式吸引了世界各地的人们，至于中国的国粹——"麻将牌"更是惹得人们如痴如醉。七天七夜间不下牌桌的有之；断一指以明不赌之志，但不久又重上赌场的有之；身为警察却赌瘾极大，开枪打死劝诫自己的妻子者有之；因赌博而去偷、抢、骗、贪污、受贿、卖淫的更是比比皆是。人们为什么要赌博？是什么力量使赌博者陷于这种迷狂状态？在精神分析学派心理学家看来，强迫性赌博行为的心理基础乃是空虚感、自卑感与攻击性的混合体。就其表现而言，乃是一种非常有害的强迫性神经症。乍看上去，赌博者的目的是想赢钱。其实，老于此道的惯赌者都有深切的体会，赌博只会输，不会赢，赢的只是赌场。既然如此，为什么他们还是乐此不疲呢？精神分析学家解释道：有赌博恶习的人，大体上在无意识中都有想输钱的欲求，但当事人决不会意识到这一种欲念，而且会在意识状态中表现出相反的愿望。赌博者在无意识中输钱了，即使幸运地赢了钱，但是还会继续下赌注，其结果终将还是输钱。这种在无意识中想输钱的欲望，乃是一种强烈的自我惩罚倾向的自然流露。

不同的理论学派，对戒赌的催眠疗法有着不同的形式，一种是行为主义的疗法，着重点在于矫正作为恶癖而存在的习惯；一种是精神分析的疗法，着重点是挖出滥赌的深层心理根源。下面将分别予以介绍。

（一）行为主义的交互抑制疗法

所谓交互抑制，是指设法让引起不适反应的刺激能够引发出与不适反应不相容的适应性反应，以便削弱该刺激与不适反应间的联系。这对某些不良习惯的消退具有良好的效应作用。这一疗法若在催眠的高度放松状态中行使，效果则格外显著。

我们知道，赌徒们一旦走进赌场或看到赌友便会情不自禁，心动手痒，这已成为一种条件反射，即赌博的环境与气氛诱发了赌徒们的赌博欲望。在催眠状态中，催眠师通过直接暗示法、厌恶法、负强化等手段，使赌博的环境、赌博的欲念、赌博的气氛引发受术者的不适反应，使之产生不愉快的体验。

具体暗示语是："现在，你仔细地回想一下，赌博浪费了你多少时光、多少精力，它使得你家庭关系不睦、事业不能发展、体能上也有众多无谓消耗。以前，你没有认真地考虑过这些问题，今天你考虑了。经过深思熟虑，认识到赌博有百害而无一利，它浪费光阴、浪费精力、浪费钱财，这种行为再也不能继续下去了……好的，现在你想象，想象自己又来到了赌场，又遇到了赌友。不过，你今天的心情与以往大不一样，你感到这种把戏是多么的无聊！你感到这样浪费时间是多么的可惜！你从心底大喊一声，'我再也不赌了！我再也受不了这种赌博的气氛了！……'现在，我要求你想象用手摸麻将牌（或其他赌具）。请将注意力高度集中，一旦你的手触摸到麻将牌（或其他赌具），就要遭受一次电击，你的手一下子缩了回去（要求受术者在想象中做出这一动作，或进行实际的摸赌具的动作）。你体验到了吧，体验到触摸到赌具后所遭受的电击了吧。好的，你今后再也不会摸赌具了，只要一触摸到赌具，马上就有这种受电击的感觉。不会错的，肯定是这样的！"

（二）精神分析的补偿疗法

在精神分析学派的学者看来，强迫性赌博行为的心理基础乃是空虚感、自卑感与攻击性的混合体。要使个体戒除赌博行为，必须把潜藏在他们潜意识中的空虚感、自卑感、攻击性揭示出来，使当事人对之有明确的认识。然后，再进行补偿。如此做法，方能收到显著效果。具体做法是这样的：

先将受术者导入深度催眠状态，在深度催眠状态中，采用年龄倒退的方法来挖掘受术者在早期经历中发生的导致其自卑感产生的事件。当受术者将这些事件描述出来以后，催眠师对这些事件进行分析与解释，使受术者能做到"顿释前嫌"。此后，催眠师再对受术者说："你的空虚感是由这种自卑感所派生，你的攻击性也由这种自卑感所诱发……现在，经过我的治疗，你已明确知悉了自卑感产生的根本原因，并且在潜意识中自卑感已经完全消失。所以，你的空虚感也随之而不复存在了。随着空虚感和自卑感的消失，你的攻击性本能也不再会以赌博的形式予以宣泄了。取而代之的是将这巨大的心理能量转移到你的事业上……今后，你会发愤图强、孜孜不倦地干事业，具有很强的进取精神，对赌博行为将会不屑一顾，嗤之以鼻！肯定是这样的，不会错的……"

五　解除心理阴影

由于某种环境因素，或某个事件的刺激，或某种暗示作用，人们往往会背上沉重的十字架，巨大的阴影时时笼罩在他们心理世界的上空，对他们的整个心理状态、精神面貌产生消极的影响。这种情况在生活中是经常可以看到的。一位治疗学家在其著述中记录了这样一个生动、典型的案例：

他（指患者）是一位著名的男歌星，他的歌声得到了广大歌迷们的喜爱，因此他也得到了很高的报酬。但是他现在陷入极端恐惧中。他说话的声音沙哑。但是，他的经纪人说他仍然唱得很好，能够参加演唱会。可是，他却相信自己的声音是"令人讨厌"的。他非常担心这种情况，他说这种情况已经持续三年了。

这位歌星叫查理，是个很优秀的受术者，在催眠中所得到的回答、所获得的信息，显示他在三年前因病必须割除扁桃腺。当时，他很担心手术是否会影响他的歌喉。但是听说他的医生曾经保证绝对不会有问题，所以问题必是出在手术时，以麻醉药使他丧失意识时发生的。也许是由于某一句话形成暗示，引起他的声音沙哑。

在催眠状态下，让他回忆当时手术时的情况。他说他被戴上口罩，丧失了意识。外科医生在结束手术后，对护士说："好！这位歌星这样就结束了。"其实，这句话可能是说手术结束了。但是，查理的潜意识却不这么解释，他一直在担心手术影响他的歌声。结果医生的话似乎证实了他的不安感。"手术必定对我的歌声有严重的损害！"他自己这样解释。他的声音就开始沙哑，直到现在。

这次催眠面谈过后，他沙哑的声音就消失了。觉醒以后，他感到很喜悦，安心地回家去。我和他约好必须再作一次详细的检查。一星期之后，他再度来到我的诊所，但是声音又恢复了沙哑。他非常沮丧，看来情绪很低落。

再次发生声音沙哑的理由很轻易就找出来了。因为他在开车到演唱会场途中，他的妻子对他说："奇怪，你沙哑的声音怎么这么快就好了？"接着她又说："我不相信你沙哑的声音真的好了，一定还会变回以前那样！"事实如此，他又变回来了。

显然可以看出，查理是很容易接受暗示的人。当他再次接受治疗后，将近一个月都没有任何音讯。他的经纪人告诉我，几天后查理的声音又沙哑了，所以查理认为接受治疗也没有用。

　　检讨情况之后，我想他的声音再度沙哑必定有其他的原因。由于他知道症状至少能暂时排除，而且知道这是心理因素所引起的，那么还会复发，可能是有什么动机或需要。因此，他的潜意识不想使症状排除，所以才认为再治疗也没有用。这就是他停止治疗或换治疗医师的原因。他的意识渴望症状能排除，但是无意识却希望能够维持其症状。

　　从以上个案中，我们至少可以得到以下几点启示。

　　其一，心理阴影是由主体状态折射的环境刺激所引起。

　　其二，这种环境刺激是经由非理性的暗示通道进入主体深处心理世界的。

　　其三，以暗示为基本机理的催眠疗法对心理阴影的消除确有很大帮助。

　　基于上述认识，以催眠疗法解除心理阴影的具体程序是这样的：

　　首先将受术者导入催眠状态，然后用时空倒退法令其回忆，描述产生心理阴影的事件，使"真相"大白。接着，治疗学家对这些事件进行解释、说明。还可运用另外一种方式，即让受术者再度体验、经历当时的事件，在催眠师的暗示诱导下，使受术者产生与前不同的、恰当的反应。通过这种"实践"的方法（尽管是用催眠状态下进行想象的方式进行的）来驱散心理上的阴影。这里还需考虑到另外一种情况，有时，催眠师运用种种手段，也不能使受术者回忆起或描绘出产生心理阴影的刺激。这可能是个体差异的缘故，也可能是产生心理阴影的不是某一特定的事件，而是整个生活环境背景的长期压抑所致。对于这种情况，有些治疗学家采用的方法是编造一个合情合理的、与受术者的生活经历有关的故事，把这故事告诉受术者，说这就是你亲身经历的、导致心理阴影产生的、已经遗忘了的早期经验。然后，治疗学家再对这故事中的事件进行分析、解释，对受术者进行指导。一般说来，只要受术者能"确认"该故事实为亲身经历和导致了心理阴影的产生，此法也能收到良好的效果。不过这种方法的使用应当相当慎重，如果受术者的潜意识察觉到催眠师的"欺骗"行为，便会对催眠师的催眠暗示全面抵抗，治疗获得成功的可能性就会小得多。

六　战胜自卑感

自卑感往往是许多心理障碍的构成因素。同时，自卑感本身也是一个令人头痛的心理问题。这里，我们就来谈谈如何运用催眠疗法来帮助人们解除自卑感。

有自卑感的人可谓多矣。甚至有人认为世界上几乎没有完全无自卑感的人。世界上确实有些人乍看上去地位显赫、气壮如牛、刚愎自用、盛气凌人，似乎他们与自卑感无缘。然而，在对他们进行深层次的心理分析后可知，这些人往往具有强烈的自卑心理，外在表现只不过是一种掩饰罢了。

引发自卑感的原因大致包括以下几个方面。

其一，生理方面的缺陷。引起自卑感生理方面的缺陷有许多，诸如相貌畸形、身材矮小、肥胖、四肢残缺、听觉视觉机能丧失、高度近视、语言障碍、缺乏性能力等。应当说明的是，生理方面的缺陷并不直接导致自卑感的产生。有些具有生理缺陷的人倒反而没有多少自卑感，有的人可能因其人格的力量而创造出巨大的成就。例如，因小儿麻痹症而残废的美国总统富兰克林·罗斯福，成为世界历史上的一代天骄；生来双目失明而又聋哑的海伦·凯勒成为举世瞩目的著名作家，她的脍炙人口的名篇《假如给我三天光明》不仅文采飞扬，而且极具感召力；早年严重口吃的迪莫斯弗思最终竟成为一位伟大的演说家。总之，在生理缺陷与自卑感之间，主体状态及评价起着关键性的作用。如果主体对这些缺陷特点看重，且自怨自艾，或怨天尤人，自卑感便从心底萌发；如果不是这样，而是与之持相反的态度，自卑感就不会产生，即使产生了，也能予以超越。

其二，幼年期的经验。自卑感通常在孩提时代就已经生成了。通常情况是，父母对子女有着太高的期望水平。孩子一旦在某个问题上失败，父母便责骂孩子无能、愚蠢。因此，孩子为避免失败而不敢进行尝试，遇事踌躇不前、畏难退缩，久而久之，便形成自卑感。

其三，观念上的错误。作为群体的人类，其能力是无限的；但作为个体的人，其能力是有限的。每个人的能力都有其强项，又都有其弱项。譬如，陈景润的数学天才无可非议，但他的教学能力恐怕只在中人之下；琼瑶的小说为众多青少年所倾倒，但她的数学成绩一直不甚理想。如果个体在发现自己的某个弱点之后，顿生矮人三分之感，而又未考虑到自己也有他人所不及的长处，自卑感就会油然而生了。

综上所述，自卑感乃是消极的自我暗示的产物。心理治疗学家们设想，既然自卑感是消极的自我暗示的产物，那么，如果我们反其道而行之，通过积极的暗示，不就可以克服自卑、增加自信了吗？遵循这一基本指导思想，治疗学家创造了不同的治疗方法。

有些治疗学家在将受术者导入催眠状态以后，采用沙尔达博士提出的"条件反射疗法"对患者进行训练，从而达到强化自我、克服自卑感的目的。训练程序如下。

——将感觉都说出来。自然涌上的感情，全部以发声语言来表达。如果是生气，就把生气的情感恰当地转化为语言。感情受伤的话，不要保持沉默，要表达出来，无论是什么样的感情都要表达出来。顺便说一句，这种状态只有在催眠状态下才最容易获得。

——要辩驳。当你的意见与别人的意见不同时，不要静默不语，也不要勉强表示苟同。在不伤害对方的情况下，说出你的意见。这表明你自己也能够坦诚地表达感觉。

——要常常使用"我"字，而且要加强语气。如"我这么认为"，这时候以"我"这个字的语气为最强。

——被人赞美时，要坦然地接受，不必谦虚地说："没什么！"应该承认自己的确不错。

——想到什么，立刻去做。为了好好运用时间，不要将未来的事在事先就计划得过于周密。

一般说来，在催眠状态中经过这五个阶段数次训练之后，会在很大程度上解除掉自卑感。

还有些治疗学家运用"思考·预演法"来解除受术者的自卑感。所谓思考·预演法，是指让受术者在催眠状态中经过思考和预演，来适应某种以往会令其感到不安的场面，以减少他们的不安、恐惧和自卑。通过催眠师暗示诱导下的思考和预演，患者可感受到能顺利完成因自卑和不安而无法积极行动场合的心象，使其产生自信心，克服自卑感和紧张不安感。请看下面一则案例：

催眠师将一位受到口吃困扰的初二学生导入催眠状态。经分析得知，他的口吃与他的自卑感，尤其是学习英语时流露出的自卑感有很大关系。因为，最近一段时间以来，他的口吃毛病已有了很大改善，但在上英语课时仍显示有严重的口吃反应。进入催眠状态以后，催眠师便施予思考·预演法对他进行治疗。下面所引的是他们在治疗过程的对话：

催眠师：现在你正在上课。你能不能告诉我，你正在上什么课呢？（催眠师期望受术者能回答是英语课）

受术者：嗯……语文课！

催眠师：好！现在已换成英语课了，你知道这是英语课的时间吗？

受术者：不！这不是英语课，还是语文课！

催眠师：现在，语文课下课了，应该是英语课了，你现在正在上英语课呀！（催眠师开始用半强迫的语气）

受术者：喔，是的！……是英语课。（受术者犹豫了一会，终于接受了暗示）

催眠师：你能看到讲台上的老师吗？

受术者：是的，那是教我们英语的老师。

催眠师：现在，有一位同学被老师叫起来回答问题了，你能告诉我，那是谁吗？

受术者：是×××同学，他的英语很好，所以回答得很正确。

催眠师：现在老师又指定了另一位同学，是不是你呀？

受术者：不！不是我。这次是××同学，他已经回答完毕，回到座位上去了。

催眠师：现在轮到你了！（语气坚决而强硬）你的回答会比往常顺利吗？

受术者：是的……现在我被指定了……但……我太紧张了，所以，还是和以前一样……会口吃。

催眠师：好！现在，你又被老师指定回答问题了。这次，你是第二次被选回答老师的问题。这次你显得非常镇定，肩部非常松弛，不再那么僵硬了，而且，你也知道该怎么正确地回答，所以，你可以轻松地上台回答问题。你的声音清晰洪亮，不再口吃，也不会再犹豫，而且说得十分流利顺畅。

受术者：是的，现在我已经不会再口吃了，但我的声音还很小。因为，我还是会担心，不知道我的口吃还会不会再发作。

催眠师：可是，下一次你一定会回答得更好！好，现在你又被老师指定了。你不用再担心你回答时会口吃了，当然，你也不再会有不安感了。你会连自己也觉得惊讶地镇定下来，很顺畅地回答老师的问题。而且，这次你是以充满自信的洪亮声音来回答的！你觉得如何？

受术者：是的，我感到很快乐，因为我发现我不会再口吃了，所以逐渐恢复了自信，再也不会紧张了。

催眠师：很好。我想，下一次你回答问题时，一定会比这一次更镇定。而且，你的回答也会更流畅、更理想。好！现在你已经不用担心自己会口吃了，肩部和头部的僵硬感和紧张感也会逐渐消失。所以，你全身感到很舒畅。好，现在又是英语课的时间了，你大声地回答老师的问题吧！

以上这个案例，充分显示了思考·预演法在治疗自卑感以及由自卑感派生的心理障碍方面的独特魅力。之所以能产生这样的效果，是由于产生自卑感的核心因素是缺乏对自我以及自我能力的肯定，以恐惧、紧张、胆怯的心态去应付当前的情境。这样应付的结果当然是不理想的。这种不理想的结果作为反馈信息又加剧了个体的自卑感，从而以更为恐惧、紧张、胆怯的心态去应付现实，结果就更为令人沮丧。通过催眠状态中的思考·预演法，受术者会产生成功的体验。成功的体验便使个体的自信心得以增强，恐惧、紧张、胆怯心态的程度降低，由此而能更好地应付现实情境。一言以蔽之，从恶性循环走向良性循环，自卑感当然可以逐步解除。

根据导致自卑感产生的主导原因不同，治疗学家们还采取不同的方法，有所侧重地予以治疗。例如，对于因生理因素为主而诱发的自卑感，采用直接暗示法改变其错误观念；对于因心理因素为主诱发的自卑感，采用注意转移法让其心理活动指向于外部世界，并用激励法鼓励其升华；对于因幼年期的体验而引发的自卑感，则采用宣泄法使之释放，用抹去记忆的方法使之不再为之困扰……

七　考试怯场

对于参加重要考试的人们来说，最为可悲的事情不是题目太难而不会做，而是因怯场未能将本来会做的题目做出来，或是把简单的题目做错了。在我们看来，每年的高考不仅是对考生知识、能力水平的检测，也是对其心理品质的检测。不难想象，那些因怯场而名落孙山的考生心情有多么沮丧，对其心理上的打击是多么巨大。这里，我们想专门介绍一下如何运用催眠的方法，来帮助考生清除怯场心理。

首先要申明的一点是，怯场绝不是什么生来就有的东西，也绝不是不可以改变的。尽人皆知的世界级影星梦露，令亿万观众如痴如醉。这不仅是由于她有倾城倾国之色，还因为她的表演真切、自然、潇洒、充满了自由感。然而，鲜为人知的是，在她成名前的几年，她有好几次参加电影拍摄的机会，但她却发挥不好。每当她开始念台词，或面对摄影机的时候，她就感到恐惧，浑身发抖，无法自然地说出台词和做出动作。梦露很具魅力，又有很好的表演素质，但是，任何一位导演都无法让这位怯场的演员很好地演出发挥。

后来，一位医生把梦露介绍到催眠师那里。这是一位富有经验的催眠师，他认为这种怯场的表现是由于缺乏自信和自卑感严重所产生的。很可能与小时候在学校演话剧或参加联欢会表演时忘了台词或怯场的经验有关。经分析，梦露的情况与之颇为类似。于是，催眠师对她进行了催眠治疗。经过八次治疗以后，梦露的怯场表现消失殆尽，后来在一部影片中担任重要角色，一举成名。催眠术对怯场心理的疗效，由此可见一斑。

在对中学生进行的心理健康调查中发现：其紧张、不安的倾向，在一年之中有好几次急剧上升和下降的趋势。峰值状态的时间是在期中考试和期末考试的时候。对于即将面临高考的学生，这种倾向表现得更为明显。诚然，怯场是在考场上出现的问题，但是，与升学考试有关的心理问题并不是到考场上才产生的，它只不过是在考场上表现得最为突出、危害最大罢了。

当考生为准备考试而开始用功的时候，会因强烈意识到考试对自己的意义，担心、害怕失败而产生不安感。尤其是期望水平较高，更使得考生产生强烈的紧张感和焦躁不安的心情，以致无法将注意力集中在学习上。理解力、记忆力也随之减退，自信心丧失，学习效率也在不知不觉中下降。自信心和效率的下降更增添了他们的紧张与不安。倘若老师和家长的期望水平和要求也很高的话，紧张与不安就更为剧烈。于是，随之而产生一系列生理上的变化，如头昏脑涨、嗜睡、恶心、呕吐、痢疾等病态现象。此外，在消化系统、循环系统以及身体的其他机能方面，也会出现不适应感觉。到了临考前的几天，这些现象会愈演愈烈。有些考生，在考试前的几天，精神就崩溃了，一上考场，则如堕五里雾中，不知东南西北。在昏昏沉沉的状态中，勉强应付完考卷。产生怯场的另外一个外部因素是，由于有些人缺乏科学知识，许多老师和家长在送考生的路上总是喋喋不休地对考生说："不要紧张！不要紧张！"事实上，这种消极的暗示格外加剧了考生的紧张心理，进一步诱发了怯场的可能性。

如何消除怯场心理？我们认为，这需要从两个方面着手。其一，意识到这一问题的存在及其危害性。要采用科学的、合理的学习方法，做到有张有弛。要利用休息、娱乐、运动、音乐以及心理学家的咨询指导，防止紧张与不安的产生，或消除业已产生的紧张不安感和自信丧失。总之，从平时做起，效果会好许多。也许有人认为，高考前那么紧张，哪有闲工夫做这些事，这就大错特错了。上述调节只会更有利于学习效率的提高。正所谓一石二鸟，何乐而不为呢？

其二，运用催眠暗示疗法来帮助消除怯场心理。如果怯场的症状较轻，可以采用自我催眠的方法。这需要在平时就开始进行自律训练法的练习，并能进入自我催眠状态。当进入考场，坐在椅子上后，一般离考试开始还有几分钟的时间，就可以闭目或半睁半闭地实施自律训练，逐步获得沉重感、安静感特别是额部的凉爽感。然后，再进行自我暗示："我现在心情很平静，非常镇定……考试马上就要开始了，我一定能够处于最佳状态……一定能够发挥出最高的水平……思路很清晰，记忆力也十分高涨……肯定是这样的，不会错的……"暗示完毕，睁开眼睛以后，便目不斜视，全身心地投入到考试之中。

如果怯场心理比较严重，在考前就多次出现了严重的紧张与不安感，同时伴有虚脱、焦躁、失眠、白日梦以及其他身心失调症状，光靠自我催眠法显然难有大的改变。此时，便要请催眠师实施他人催眠法了。针对怯场心理的特点，在将受术者导入催眠状态之后，最为适宜的方法可能就是松弛法了。

为了保证日常生活中工作、学习等活动的顺利进行，人们需要维持一定的紧张度。但由于外在的物理刺激、社会环境刺激和内部生理刺激的影响，人们往往陷于过度紧张的状态。为了解除这种过度紧张状态，而保持恰当的紧张水平，我们应必须使整个身心处于松弛状态。身心松弛以后，就会产生一种不需要对周围刺激或心理压力直接起反应的分离状态，能够基本脱离被环境或事物影响的状态，而能以客观、坚决的态度，冷静地观察周围的事物。此外，对自己本身所处的状态或对自己内心的感受性也会增高。不言而喻，进入这种状态后，怯场现象便会自行消失了。

无论是在什么样的场合下实施松弛法，首先要让受术者采用最舒适的姿势。有些人喜欢仰卧，有些人喜欢坐在椅子上，有些人则是站立着比较好。接着，要求受术者将全身各个关节部分，尤其是将颈部、肩部、肘部、手腕、手指、脚踝、腰、足、脚趾等关节为中心的肌肉活动一两次，以取得基本的放松感。然后，将受术者导入催眠状态，遂进行各种方法的松弛训练。

1. 呼吸法

要求受术者将呼吸的时间尽量放慢与拉长，并将注意力高度集中于呼吸活动上，渐渐可进入放松状态。

2. 沉重感的暗示

要求受术者的四肢、眼皮、肩部部位放松，然后给予沉重感的暗示，并要求受术者反复体验这种沉重感。当受术者真切地体验到沉重感时，也就进入放松状态了。

3. 想象法

暗示受术者："你的身体现在飘浮在半空中，好像踏在软绵绵的云端上一样。"或是："你全身好像被溶解、消失掉一样，脑海里一片空白，什么也不去想……"要求受术者去想象这样的情境，也会促进其全身松弛状态的出现。

4. 信仰法

如果受术者是有宗教信仰的人，则可暗示他们面对着佛像或十字架，然后让他们想象进入西方极乐世界或天堂的轻松快乐情境，这也十分有利于受术者身心松弛。

在通过一种或数种方式使受术者的身心松弛下来之后，就可以用"思考·预演法"将其带入"考场"，预演他在考场中精力集中、精神振奋、思路敏捷、心无旁顾的情景。最后再作催眠后暗示，告诉他们今后只要跨进考场就能够如何如何，而决不会如何如何。一般说来，经过数次催眠治疗之后，怯场心理能够予以消除。

八　身心康复

身心康复问题已逐渐引起了全社会的高度关注。以我国而言，各地都陆续建立了康复中心，康复研究已在大力开展，有关康复的书籍和报刊业已陆续问世。总之，人们已经强烈地意识到：各类疾病和伤害性事件，已经导致人们身体机能上的残陷和心理能力方面的受损。如何使人们的这些缺陷尽可能地有所补偿？如何使他们能够接纳并认可残疾的现实？显而易见，这里面需要心理学的帮助。自然，催眠术也可以在这一领域发挥它独特的作用。

催眠康复法最初的研究对象是麻痹症的患者，同时也用于机能训练方面。此后，对于脊髓麻醉或脑中风的后遗症、意外事故、手术及其他身体障碍的患者、长期疗养者的机能康复和回归社会问题，也进行了尝试，并收到一定的效果。

一般说来，在疾病、伤害、手术之后，由于意外事件的发生而受到强烈冲击的患者，往往会对人生感到非常绝望，变得十分沮丧、缺乏主动性、自我丧失。这阶段的患者可以说是处于一种为激动的感情所支配的、单纯的、未分化的时期。换言之，在有生命危险的时候，必须尽可能地维持患者的生命，而对其他则很少顾及。其后，因伤害或手术而使身体的运动受到限制或身体的感觉发生变化的患者，由于不知道如何对待现实，往往会陷于一种紧张状态。倘若患者失去了时间、空间方向的广大视野，则会以一种未分化的、原始的、无效的方法来进行自我挣扎。

患者在获得某种程度上的稳定之后，即会发现自己身体的损伤或缺陷，同时也会产生某种反应，力图使自己能恢复适应身体上、心理上、社会上、经济上的各种需要。但是，这些欲念也很容易演化为一种强烈的防御心理，以及具有相当大的本能性、情绪性、反射性、非理性、反目的性的行为。这些心态与行为，无论对自己、对他人还是对社会都是很不利的，调整其心态，以及通过心态的调整不同程度地帮助身体上的康复，是心理学家的任务，同时也是催眠师的任务。事实上，催眠师已经在通过各种方法，如身心松弛法、系统脱敏法、年龄倒退法、思考·预演法、自我精神强化法等等，对患者的康复予以帮助，并收到了良好的效果。实践证明，上述各种催眠疗法对于患者随意性动作的训练，目的性动作训练，以及由于咽喉的紧张感过于强烈而无法发音的排除，自卑感、无能感的解除，恐惧感、不安感的消除等都能提供富有成效的帮助。

九　开发记忆潜能

科学家们估计，从脑的存储量上来看，它每秒记录 1000 个新的信息单位而仍有富余。最近的实验指出，我们能记住发生于我们周围的每一件事。为了把这一令人惊讶的能力更为形象、直观地表示出来，有人作了这样的类比：一个人脑的网络系统远比北美洲全部电报、电话通信网络复杂。人脑记忆容量相当于世界上最大的美国国会图书馆藏书量的 50 倍，即可以掌握 5 亿本书的知识。这么说来，人类的记忆潜能大得惊人。可是，实际上我们现在能够记住的东西却少得可怜。譬如，中国著名文学大师茅盾先生能背诵出一部《红楼梦》，人们就惊慕不已了，但这和能记住 5 亿本书的潜能相比，简直是沧海一粟。如何将记忆的潜能转化为显能？如何大幅度地提高记忆能力？科学家们对此进行了不懈的努力，并初步取得了一些成果。若对这些成果作分析的话，它们或者是在催眠状态下获得的，或者是在类催眠状态下获得的，总之，都和催眠与暗示有着千丝万缕、若明若暗的联系。

请看以下实例：

苏联科学院高级神经活动和神经生理学研究所的科学家 C.基谢廖夫打开一间专用房间的沉重的金属门，让被试一个人进去。在这个狭小的、蒙着吸音材料的房间里，让被试坐在一个很深的"飞机"沙发椅上。他问道："您学过哪种语言？""德语！"被试答道。基谢廖夫走出去了。随之，响起了关门锁栓的撞击声，被试处于一片沉寂之中。突然，从看不见的扩音器里响起了轻轻的音乐声——熟悉的《热情奏鸣曲》的和声。忽然，又一个声音压倒了音乐声，一个看不见人的声音在慢慢地有感染力地劝说："请您忘记时间……对您来说，外部世界已渐渐不复存在了……只有您一个人在这个世界上……甚至我的声音也好像是您的声音似的……您要信任这个声音，它会把您引入一个神秘的、美好的世界。"被试半躺在软软的沙发椅里，渐渐地开始觉得，外部世界真的消失了，什么也不存在了，只有这轻轻的音乐声和平静的说话声。眼睛慢慢闭上了，全身处于舒适的半睡眠状态（即浅度催眠状态）。突然，音乐声好像急促起来，音乐的节奏变得明朗而有鞭策性。接着在室内深处展现出了一个电影银幕。在银幕上以不可思议的速度闪过一连串的词，又从左边的扩音器里发出响亮的声音，快读着：sleep，drink……同时从右边的扩音器里读出译文："睡、饮、跳舞、做、说话、吃、学习……"银幕上出现的词语，扩音器里都读出来，同时伴随着明朗的音乐节奏，室内出现各种各样的色阶。看来，在这种混乱之中，似乎不仅不可能记住什么，而且也不可能理解什么。这时，银幕突然消失，扩音器也无声了。在一片沉寂之中他突然听到了似乎从他身上某处发出的一种惊人清晰的声音：sleep，drink……当被试明白，他是多么清楚地知道这些词语的意义时，他感到多么奇怪。要知道，就在一刻钟以前，被试的英文成绩还是零分。

运用这种方法学习英语、德语和法语时，学生在 10~20 天的时间内可掌握三四千个单词，能用日常生活语汇进行阅读、翻译和对话，并初步掌握书写。对于传统教学方法来说，这简直近乎天方夜谭。

十　开发创造潜能

先前，人们认为凡有创造性者都有特殊的天赋，一般人无法企及。现在认为这一观点是错误的。创造性人皆有之（这里所说的人自然不包括智能低下的人，而是指具有中等程度智力水平以上的人）。问题在于，大部分人虽具有创造性的潜能，但并不意味着每个人的潜能都能转化为显能。这除了外部环境所提供的条件之外，主体内部的一系列心理因素有时在客观上也起到阻碍创造潜能发挥的作用。这些心理因素包括：意识对潜意识的压抑、心理定势的消极作用以及人格缺乏力量。

其一，意识对潜意识的压抑。精神分析大师弗洛伊德把意识与潜意识比作一座海上的冰山，海平面以上我们所能看到的部分是意识层，海平面以下我们所不能看到，然而却实际存在着的巨大的部分是潜意识层。人们平时所接受的知识、积累的经验、所形成的一些片断的想法、观点，往往于不知不觉之中沉淀到潜意识中去，并有可能在潜意识中进行优化组合。然而，在意识占有绝对优势的清醒状态中，尤其是在有意性、目的性、紧张度都比较高的情况下，蕴结于潜意识中的，带有创造性的新思想、新观念很难突破阈限而上升到意识水平，成为能够公开展示出来的创造性思想。

其二，心理定式的消极作用。定式是指在先前活动中形成的、影响当前问题解决的一种心理准备状态，也可称之为心向。在问题情境不变的条件下，定势能使人应用已掌握的方法迅速解决问题；在问题情境发生变化的情况下，定势会干扰人的发散性思维，妨碍人们尝试采用新的解决问题的方法。

其三，人格缺乏力量。新的观点、思想的产生，并不纯粹是知识与能力的作用。因为，创造意味着对现行规则的否定，这种否定是需要勇气的。人格特征中若缺乏独立性、果断性、自信心、不屈不挠的精神，则是无法做到这一点的。科学史上不乏真理碰到鼻尖上也不敢承认的懦夫。所以，那种人格缺乏力量的人即使具备足够的知识与能力也很难享尝到创造的喜悦。

在催眠状态中，这些阻碍很容易被突破。

首先，在催眠状态中，人的创造力处于假消极而真积极的状态中，受术者的身心处于全面放松状态。但这只是表面现象。事实上，经由催眠暗示，大量的生理过程和心理过程就是在这个时候展开的。精神振奋状态在形成，自由联想在展开，观念、情绪在起伏，创造本能在活跃。但是，人们并不感到疲劳和紧张，因为这是创造力的假消极状态。洛扎诺夫认为：这是特别适宜于为开发人的潜能准备心理倾向的时刻。

其次，在催眠状态中，意识场被极度缩减。这就给蕴藏在潜意识中的各种新思想、新观念提供了上升到意识水平的机会与可能。

再次，由于在催眠状态中意识场的极度缩减，心理定势的两种基本表现形式——习惯定向和功能固着难以发挥作用。所以，一些突破框框的新见解能够脱颖而出。

最后，在催眠状态中，可以进行人格转换。而且，这种转换经多次受术后，在清醒状态中原有的那些人格特质也会得到改变，向着更为良好的方向发展，向着具有强悍力量的方向发展。

事实上，催眠师们已经进行了这方面的实验。我们也曾进行过这方面的尝试，确实感到催眠术能对人的创造潜能的开发有所助益。

十一　开发体力潜能

　　催眠术在体力潜能开发方面的应用，大致包括三个方面，即消除疲劳、挖掘潜能和调整状态。

　　疲劳包括身体疲劳和心理疲劳。值得强调的是，在许多情况下，身体疲劳是由心理疲劳所引发或加重的。因此，经由心理暗示可以直接消除心理疲劳；经由心理暗示的调节作用，也可以消除身体上的疲劳。催眠师在催眠过程中发出暗示："在催眠状态中，你已经美美地睡了一觉。醒来以后，你感到疲劳已完全消除，你感到精神特别振奋。"受术者醒来以后，果然有这样的感觉。这几乎没有什么例外的情况。借助催眠的力量来消除疲劳的方法，在经常做自我催眠的人们当中，得到了最为广泛的运用。那些被紧张的工作折磨得疲惫不堪的人，经过十几分钟的自我催眠后，又变得精力充沛起来。他们不再感到茶饭不香、心力交瘁，而以焕然一新的面貌，投入新的工作和娱乐活动中。这种方法，近年来也被运用到因赛事频频、体力不支而影响运动水平发挥的运动员身上。在洛杉矶奥运会上，我们就已经看到催眠师活跃在绿茵场上，为一场接着一场比赛的运动员们做以消除疲劳为目的的催眠治疗。

　　在1976年夏季奥运会上，有那么一分钟，全世界数百万人都屏住呼吸在电视屏幕前观看着。瓦西里·阿列克赛耶夫弯腰去举任何人从未举过的重量。当阿列克赛耶夫成功地站起来以后，胳膊伸直，把那千钧重量高举在头上时，人们才在雷鸣般的欢呼声中舒了一口气。在举重中，500 磅的重量一直被认为是人类不可逾越的界限。阿列克赛耶夫以及其他人以前都举过离这个界限相差无几的重量，但从未超过它。有一次，教练告诉他，将要举的重量是一个新的世界纪录：499.5 磅。他举了起来，教练称了重量，并指给他看，实际上他举起了 501.5 磅。几年以后，阿列克赛耶夫在奥运会上举起了 564 磅。

从这一实例可以看到，阿列克赛耶夫先前在心目中有一消极的自我暗示——500 磅的重量是不可逾越的。教练用"欺骗"的手法打破了他这一消极自我暗示，紧接着又予以积极的肯定暗示，故而取得了成功。由此可知，暗示的力量可以挖掘出人类非凡的体力潜能。作为在高度暗示的催眠状态下，人类体力的潜能之大，更是始料不及的。读者一定还记得在催眠状态下，身体强直以后，虽悬空但腹部仍可站人且毫无吃力之感的实例吧，这正是催眠状态下挖掘出人类体力潜能的最生动的证据。对此，任何对催眠术持怀疑态度的人都不得不折服。同时，也无不惊叹经由催眠术的挖掘，人类所显示出的巨大潜能。

在瑞士的洛萨尼，一位年轻的姑娘在屋子里，看着各种颜色的光线在墙上飞舞。她做了个滑稽的动作，向前伸出自己的手臂，同时向各个方向转动自己的脑袋。他正想象着，感到一股清爽的微风吹拂着她的面颊，感到完全放松了。从屋里小电视荧光屏上传来医生悦耳的声音，她也跟着他重复那些肯定的句子："身体放松改善了我的滑雪竞技状态。我更具有挑战能力了。我对自己的滑雪技术充满了信心。一开始就能集中精力，完全不害怕人群、电视镜头、计时器或事故。"

这是用一种名叫"协调意识学"的方法来训练运动员调节自身的状态。这门学问是由西班牙马德里大学医学系教授凯西多创立的。这位年轻的医生对催眠术有浓厚的兴趣，于是他开始研究各种能够改变意识状态、对身体或大脑产生影响的技术，进而创立了"协调意识学"。协调意识学的方法是什么呢？简言之，就是通过放松与呼吸训练，使人入境，再经由想象和肯定暗示来调整心态。如果说，这种方法与催眠术颇多暗示之处，或者说是催眠术的一种"变式"，恐怕并不牵强附会。况且，直接运用催眠术调整人的状态的做法也不是没有先例的。

第十一章　催眠师

一　正确看待催眠师

　　许多人在不认可催眠术时，把催眠师看成江湖骗子；在认可了催眠术以后，又将催眠师视为非同凡人。这两种观点都有失偏颇。他们既不是骗子，也不是什么神人。催眠师就是一种职业，就是掌握了一项专门技术的人。只不过是这项技术本身暂时还没有得到完美的解释，而笼罩着一个神奇的光环而已。当然，出现这种情况，也不排除确有人出于某种目的，故弄玄虚的因素。

　　凡看到成功的催眠表演的人，对催眠师都有一种不可名状的崇敬之情。至于接受过催眠施术的人，更有可能产生移情现象，那种敬仰之心格外难以言表。要之，他们的"共识"是，催眠师非同凡人，他们具有特殊的能力、特殊的魅力，这种能力与魅力可遇而不可求，普通人只能望洋兴叹。笔者在进行催眠施术后，常有旁观者提这样的问题："你有气功吗？""你有特异功能吗？"当给他们的回答是"没有"时，往往会发觉对方的眼光里有怀疑的神色。

事实上，催眠师与普通人相比根本就没有什么区别，只不过是掌握了催眠术这一专门技术而已。之所以能产生种种神奇的现象、治疗好这样那样的疾病，只是他们有效地、娴熟地运用了心理暗示的手段。这里需要指出的是，受术者认为催眠师非同凡人对于催眠施术来说，具有正反两方面的影响。从正面来说，由于认为催眠师非同凡人，这就于无意之中加强了催眠师的权威性，使催眠施术能够更快、更有效地进行。有这样一则实例：有位女士正和她的丈夫在车站餐厅的餐桌上吃饭。这时，丈夫对妻子说："那位正向我们这边走来的人是位催眠大师，他可能要给你做催眠术。"当这位催眠师走到他们餐桌前时，这位夫人已经进入了催眠状态。由此可见，认为催眠师非同凡人，确实起到了帮助催眠施术顺利进行的作用。然而，正如一张纸具有不可分割的正反两面一样，这种认为催眠师非同凡人的想法也会给催眠治疗带来不好的副作用。这种副作用的典型表现是，受术者会过分依赖催眠师，在催眠过程中，他们会有良好的反应，但是一回到现实生活中，每每有无所适从之感，觉得没有催眠师的直接指导，无法适当应付当前的情境。此外，对催眠师的"移情"作用会进一步加深，会不自觉地视催眠师为父亲、母亲甚或情人，会感到不可一日无催眠师。这给催眠师和受术者都带来极大的烦恼。

还有一种错误观点，是认为实施催眠术没有多少技术含量，掌握这套技术易如反掌，并且谁都能够掌握，谁都能在短期内掌握。在有些催眠术的小册子中，经常会说这样的话，说只要熟读了他那本书，就能娴熟地掌握催眠术；一旦掌握，就能在许多领域内广泛使用。应当说，这种说法极不负责任。这将贻害读者，更将贻害读者的受术者。

的确，悟性较高的人，在细心观察了几次催眠师的催眠施术，阅读了一两本催眠书籍以后，有可能将感受性较高的受术者导入催眠状态。但是，我们认为，这样的"导入"没有什么意义，它不可能给受术者带来有益的帮助；相反，还有可能产生种种副作用。所以，这是一种不负责任的行为。正是由于许多不合格的人滥用催眠术，使催眠术的声誉受到不小的影响，以至社会对催眠术产生这样、那样的误解。在有些国家中，已经明令禁止非专业人员从事催眠施术。自 20 世纪 60 年代起，美国临床、实验催眠学会设置了精神医学、一般医学、牙科医学和心理学的专业委员会，以鉴定应用催眠术者的职业身份。美国医学学会、牙科学会还设立了实验催眠学和临床催眠学的资格考试。

美国心理学会对催眠师资格申请的条件如下。

必须是美国或加拿大心理学会的正式会员。

曾获得过有关心理学方面的博士学位。

必须具备五年以上的专业工作经验，同时具有相当的业绩。在五年的工作期间内，必须接受一年的研究所课程训练；其工作要在专业人员的监督之下。

须发表有关催眠方面的研究论文，拥有临床心理学、咨询心理学的资格。

须经美国心理学催眠实验委员会考试认可。

如此高的要求、如此繁杂的程序绝不是心血来潮或故意刁难人。我们对催眠术越有深入的了解，越是感到这些要求的重要性与必要性。由此可见，那种认为催眠术一学就会，一会就能运用的说法，实质上是对催眠术的一种极大的误解。

在我们看来，作为一项专门技术，短期内迅速掌握只是一种天真的幻想；作为一项实施于人身上的技术，更是要慎之又慎。下面，我们试对一名合格的催眠师所必须具备的条件展开阐述。而这些条件是刚性的，对于催眠师而言是不可或缺的。

二 催眠师的服饰形象

我们已多次表述，催眠的机制是暗示，而催眠师则是最重要的一个暗示源。对催眠师的信任乃至崇拜，是催眠术得以成功的一个基本保证。

信任乃至崇拜的起点是第一印象。

所谓第一印象，系指交往双方初次见面时所留下的印象，主要是对对方的言谈、举止、表情、姿态、身材、年龄、服装等方面的印象。这些印象虽然很肤浅，但由于心理定势的作用，却能在人际交往中产生重要的作用。如果一个人在初次见面后给对方留下了良好的第一印象，就会影响人们对他日后一系列行为的解释；反之亦然。有鉴于此，第一印象往往成为人们以后交往的依据，成为促进或阻碍进一步交往的重要心理因素。在建立人际关系的过程中，先入为主而产生的良好第一印象，会以定势效应作用于主体，将有利于人际交往的进行。据记载：

国外心理学家曾做过一个实验，给两组大学生看同一个人的同一张照片。在看照片之前，对一组被试者说，照片上的人是一个屡教不改的罪犯；对另一组被试者说，照片上的人是一位著名学者，然后要求这两组被试者分别从这个人的外貌来说明他的性格特征。结果，这两组被试者对同一张照片作出了截然不同的解释。第一组说：深陷的眼窝包藏险恶；高耸的额头隐含着不悔改的顽抗决心。第二组说：深沉的目光显示了思想的深邃；高耸的额头表明了他在科学探索的道路上无坚不摧的坚强意念。

由上述记载可知，第一印象对人际交往的影响是多么重大。对于自身形象直接影响到治疗效果的催眠师来说，第一印象就更是至关重要。这里，我们谨就影响第一印象的两个重要因素——服饰与态度进行论述。

（一）催眠师的服饰

催眠师的服饰是一种重要的暗示源。它对受术者会产生潜移默化的、举足轻重的影响，对催眠施术的成败有着不可低估的作用。

具体说来，催眠师的服饰要整洁、庄重。过于邋遢，会使受术者产生轻视态度，降低催眠师在受术者心目中的威望。另外，催眠师也不必刻意装扮自己，过分的装扮或者服饰奇异，会分散受术者的注意力，还会使受术者形成催眠师华而不实，甚至油滑的印象。一般说来，整洁挺括的西服，庄重整齐的发型，会使人体验到威严、镇静、有条不紊的感觉，从而形成强大的暗示力量。

（二）催眠师的态度

与服饰相比，催眠师的态度显得更为重要，由态度所构成的暗示力量更为强大。那种粗暴、冷漠、玩世不恭、唯利是图、高人一等或曲意逢迎的态度会令人感到厌恶，强烈地干扰施术时催眠暗示的顺利进行。一般说来，催眠师在与受术者的接触中，在态度方面要做到以下几点。

1. 态度要和蔼可亲

以一种真诚地帮助受术者解决问题的态度出现，视受术者的疾苦为自身的疾苦，使受术者感受到，催眠师是像解决自身的问题一样帮助自己祛病消灾。这样，就产生了"自己人效应"，引起了心理上的强烈共鸣，施术时的暗示则将畅通无阻，容易产生较好的催眠效果。当然，如前所述，态度和蔼可亲也要有个尺度。过于"和蔼可亲"，则有点卑躬屈膝，结果与初衷正好相反了。

2. 态度要从容不迫

大部分人对催眠术都不甚了解，或多或少地对催眠术有一种疑惑的感觉。倘若催眠师手忙脚乱，态度慌张，就会增添受术者的疑虑。从容不迫可以给受术者带来镇定感，疑虑将一点一点地消失。

3. 态度要真诚

无论是从容不迫还是和蔼可亲，都应当是真诚的，是从内心深处自然流淌出来的，不是故意造作的。这一点非常重要。如果受术者感受到催眠师的亲切、镇静的态度是出于伪装、敷衍，便会对催眠师产生巨大的厌恶感，逆反心理便油然而生，任何催眠效果的获得都是不可能的。

三　催眠师的知识结构

在我们看来，催眠师的知识结构由三大板块构成。

（一）催眠技术及其相关知识

催眠术的实施是一项严肃、认真的工作，来不得半点的虚假与搪塞。因此，在没有充分的理论知识，没有熟练地掌握这门技术之前，就贸然对他人正式施术，不仅不可能获得圆满成功，而且会直接败坏催眠术的名声。所谓熟练地掌握，是指透彻地理解催眠术的基本原理，对操作的全过程正确把握、对催眠状态的典型特征了然于心、对催眠过程中的突发事件妥善处理，娴熟、准确地运用暗示指导语、真切地洞察受术者的种种反应，并能恰当地控制自己的姿态、神情、语音、语调和节奏。

如前所述，催眠的方法多种多样，但殊途同归，关键的技术都是使用暗示。因此，能否正确地、有效地使用暗示手段，是催眠施术成功与否的决定性因素。台湾催眠大师徐鼎铭先生就曾说过，暗示为催眠之生命，无暗示则无所谓催眠学。他在《催眠秘笈》一书中还就妥善运用暗示的问题提出十二项要领，兹录于次：

● 看清感受性程度。欲暗示成功，必先了解被催眠者的精神状态，了解其感受性程度，以及对暗示的进展程度如何。如果受术者的精神状态（即催眠程度）还没有到第二期，而我们以为已经到半催眠状态而予以进一步之暗示，被催眠者一旦反问则催眠便告失败。譬如持一杯白开水，告诉被催眠者说："这是一杯王老吉的苦凉茶，你喝喝看，味道甚苦！"把杯子递给被催眠者，他也随之喝了一口，但答道："这不是苦凉茶，只是白开水！"表示被催眠者的味觉还很清楚，暗示已经不成功，必须从头开始再强化暗示，或者暂停。

● 暗示要合于被催眠者的程度。暗示就是语言的表达与传递，所以说的话要在被催眠者能认知、了解的范围。例如以催眠术"麻醉"进行外科手术，一定要以清楚的语言，使被催眠者的精神状态确实进入"无痛无感"的阶段方可动刀。但究竟何种语言能确实被接受，须先了解被催眠者的教育程度及经验范围才能决定。过去曾有人为一老太太催眠，暗示她"脉搏数减少！"但一直不能如愿，原来老太太未受教育，不知脉搏之意。

● 暗示的目的在于健全及强化被催眠者自己的暗示。换句话说，不但催眠师予以暗示，还要让被催眠者了解此暗示为真，进而自己也给自己暗示，以达到希望之目的，尤其是在矫正或治疗沉湎癖（如饮酒或毒瘾癖）方面，显得特别之重要。譬如暗示他：酒喝多了易生病，酒很难喝，喝了会恶心等。被催眠者接受之后，即便醒觉，也常会自我暗示：酒喝多了会生病、恶心，酒很难喝。从而真正戒除酒瘾。

● 思想须明确。亦即施术者本身要先想好，我为他施术的目的是要完全解除其痛楚，还是减轻其痛楚。自己务必了解这种暗示符不符合需要，打算怎么做！决定以后即一以贯之。例如在治疗神经痛患者时，要先有定见：我到底是要给他"已经渐渐不痛了"的暗示，还是"已经完全不痛了，治好了"的暗示，这样才能达到目的。

● 语句要明确。思想和行动的基础都在语言，语言不明确，所有暗示与催眠均将功亏一篑。因此，学暗示或催眠之前，要首先学习使用正确语言才行。例如对于神经痛患者，要明确暗示道："醒后所有的神经痛都消失了！"明确点出神经痛最重要。

● 暗示的目的要前后一致，不可自相混淆。例如施行目的在矫正被催眠者的不良癖好，那就从头至尾以此项问题为重点，慢慢诱导、深深印入他的潜意识中，最后完全予以解除。

● 暗示的语气要果断有权威，不可模棱两可或模糊软弱。例如说："你的恶癖都不见了！"而不可说："你的恶癖要慢慢改正！"所以，在催眠刚开始时，催眠师的语气要温柔，但到了关键点，一定要权威、严厉而果断。

● 暗示要有规划，依顺序渐进才易成功。很多坏习惯都是经年累月养成，很难一朝一夕就完全改掉。所以催眠暗示也需循序渐进，诱导被催眠者说出坏习惯的由来，再以权威口吻一次性予以解除。

● 多用直接暗示，少用间接暗示。席其思博士经过多年的研究、验证，发现直接暗示的成功率为间接暗示的两倍以上，间接暗示的作用力较弱，因此宜少用。应该说："你的坏习惯已完全去除！"以直接、明确、有力、单刀直入式的暗示，以感动被催眠者的精神最重要。

● 多用积极暗示，少用消极暗示。催眠者应以公民教育者自居，且以转移、教化被催眠者的恶习或怪病为己任，多予积极暗示，以避免被催眠者陷于悲观、消极之境地。因为根据经验，催眠中的暗示经常会成为潜意识的一部分，而影响其行为发展与性格，所以务必特别慎重。譬如对酒瘾者说："醒后一闻到酒味就恶心呕吐！"不如对酒瘾者暗示："醒后即使看到酒也不想喝，身体就健康！"再如，对记忆力较差的人实施催眠，与其说："你的记忆力不错！"不如说："你的记忆力愈来愈好"为佳。

● 暗示要反复感传。若以为只要暗示一次就大功告成，那才是大错特错。欲使被催眠者自己产生有益的暗示，一定要反复为正面之暗示，以能感传本人引起自我暗示为止。催眠师一定要注意，如果在反复暗示之后，发现被催眠者已产生疲惫、颓废之心，就应先用暗示消除其疲惫心，再继续原先的催眠疗法与暗示。

● 暗示要注重现在。这是催眠学的秘诀，最好不谈过去、不谈未来，专指现在。亦即佛家所谓的"当下"或此刻之意。譬如，不要说"将要解除！"或"明天以后就消失！"而要用"现在立刻就不痛！"或"醒后立刻不再口吃！"

催眠所需的其他技术还包括：导入的技术；测查与判断受术者催眠深度的技术；解除暗示的技术；处理催眠过程中突发性事件的技术；等等。这些技术不掌握，或未能娴熟掌握，都不能成为合格的催眠师。

（二）生理学与医学知识

实施催眠疗法的人必须既娴熟于催眠术，又对所治疗的疾病的生理、病理机制有透彻的了解。二者缺一不可。如对二者都是一知半解，或对其中之一知之甚少而滥用催眠疗法治疗生理疾病，那既是对患者不负责任，也是对催眠疗法不负责任。前面曾经说过，催眠术只是一种技术，而不是治疗。换言之，它的主要功能在于开启受术者潜意识的大门。这是一个必要的路径，却不是最终的目的所在。如果说，你想利用催眠术去治疗那些心因性的生理疾病，至少就要具备相关疾病的生理学与医学知识。对其病因、病理、症状有透彻的了解，治愈疾病才有可能。

催眠师还须知晓催眠术对哪些生理疾病的治疗是最为有效的，对哪些疾病则效果不佳或是禁忌症。

一般说来，为临床所证实并推崇的，催眠疗法治疗疾病的种类有以下这些。

呼吸器官疾病：气喘、气急、呼吸困难。

视觉器官疾病：近视、斜视、色盲、失明（心因性）、迎风流泪、眼睛疾劳。

脑部疾病：脑充血、脑贫血、耳鸣、头痛、眩晕、失眠。

神经病：神经衰弱、神经过敏、忧郁、疑心、恐怖、痉挛、脚气、疝气、多汗症、知觉异常、半身不遂、各种麻痹症、风湿病、歇斯底里、羊癫疯。

精神病：花痴、文痴、武痴、忧郁狂、妄想狂。

肠胃系统疾病：消化不良、食量减少、呕吐、腹胀、腹痛、便秘、痢疾、各种其他胃肠病。

皮肤病：顽癣、腋臭、奇痒、其他皮肤病。

循环系统疾病：心悸、心痛、心律不齐、心肌炎、贫血。

生殖系统疾病：阳痿、遗精、早泄、梦遗、停经、痛经、月经不调、子宫病、赤白带等等。

对于有些生理或心理疾病，催眠术就没有太大的效果，比如说，催眠术对于强迫症就没有什么作用。对于有些疾病，催眠术可能有副作用，比如说，脑器质性损伤并伴有意识障碍的人，若使用催眠术可能会使其症状加剧。冠心病、动脉硬化患者也不宜接受催眠术，这类病人可能会在催眠状态中有所发泄时，情绪明显波动而导致不良后果。催眠术还有一些禁忌症，比如说，对于精神分裂症患者，使用催眠术可能是有害的。

在利用催眠疗法治疗生理疾病时，应注意将现代化的检测手段和有关的药物结合起来使用。这可以起到加强效果的作用，也可获得治疗效果的客观指标。所有这些，也离不开必要的医学知识。

（三）心理学知识

催眠师要有较丰富的心理学知识，尤其是人格心理学、变态心理学方面的知识，才能准确地洞悉受术者的心理世界，懂得并掌握各种心理疾病的疗法。譬如，心理健康与心理不健康是一连续体，它们之间没有截然的界限，在正常的、心理健康的人身上，也会有一些非正常的、不健康的因素。对此，你如何做出鉴定？这就需要渊博的心理学知识，并要通晓心理测量的方法。否则，很可能会混淆一些心理疾病，把健康者当成不健康者，把不健康者当成健康者。如果是这样的话，仅仅将受术者导入催眠状态，没有多大实际意义。而把一个健康者，仅仅是由于存在一些心理不健康的因素，误以为是心理疾病的患者，将会给当事人带来沉重的心理负担，使得本来是正常的心理状态，演化为这样或那样的心理疾病。所以，美国催眠协会就要求催眠师必须接受过内科学和心理学的正规训练方能获准实施催眠术。

四　催眠师的心理品质

（一）催眠师要有高度的自信心

中华民族是一个以谦虚为美德的民族。尤其是知识界人士，总是避免有任何骄傲自满、口出狂言的表现。这当然值得褒奖。不过，在面对受术者的时候，催眠师满口谦词则是一大忌。例如，催眠师对受术者说："我现在对你实施催眠术，能不能成功我也没多大把握，当然我会尽力去做的。"这类看似谦虚的话却构成了消极的暗示，往往导致催眠施术的失败。所以，催眠师要具有高度的自信心，并且这种自信心要能够自然地流露出来。我国著名催眠大师马维祥先生说过这样的话：催眠术的成功，从实质上看，就是催眠师的意志战胜了受术者的意志，进而发生心理上的感应，最终导致催眠师对受术者意志的全面控制。可谓一语中的。不言而喻，欲战胜他人的意志，自己就必须有高度的自信心。倘若自身犹豫恍惚，信心不足，欲想战胜别人的意志只能是一句空话。因此，有经验的催眠师在施术前总是对受术者这么说："我曾经给许多人做过催眠术，他们都很容易地进入了催眠状态，经过测查，你和他们的情况都差不多，所以你也不会例外的。现在我就对你施行催眠术，相信你很快就能进入催眠状态。"总之，催眠师所表露出的高度的自信心，本身就是对受术者的一个极有效的暗示。

（二）催眠师自身的情绪要平稳

在催眠过程中，不只是受术者的受暗示能力、催眠师的技能技巧影响到催眠施术的效果，催眠师的情绪状态也可能对催眠的效果产生这样或那样的作用。

在催眠的准备阶段，催眠师应该情绪稳定，如若自身的内心处于不安、焦躁状态，最好暂时不要对受术者施术。因为，当催眠师焦躁不安时，有可能做出种种冲动的行为。这样对受术者、对施术都极为不利。要之，催眠师在施术前应首先调整好自己的心态，把自己的心态调整到自然平和的状态。

在准备阶段的另一注意要点是催眠师不能表现出任何矫揉造作的痕迹。由于催眠术本身带有神奇的色彩，受术者又多少带有怀疑与恐惧的心理，任何矫揉造作的痕迹都将被受术者视为弄虚作假的表现。

在诱导阶段，催眠师自身的心态对能否将受术者导入催眠状态起到举足轻重的作用。此刻，有些催眠师由于能力及技术上的缘故，未能做到正确地把握催眠的进程，而仅仅使用了呆板的、机械的催眠暗示方法，完全从自己的角度出发，试图强迫受术者及早进入催眠状态。然而，暗示一定得顺其自然方能进入状态，任何强迫的方法都是徒劳无益的，否则受术者无法接受其催眠暗示，当然也就无法产生与催眠师的暗示语相契合的体验，无法建立起双方心理上的感应关系。当出现这种"久攻不下"的情形时，催眠师的急躁、怨恨情绪会悄然而生，如果再出现"归因"错误的话，则有可能将催眠施术不顺利的原因归之于受术者，进而出现责备受术者、攻击受术者或嘲弄受术者的情况。这就更加使暗示的进程受阻，催眠师则愈加焦躁。如此循环往复，结果只能是愈搞愈糟。

如前所述，催眠师应当态度和蔼可亲，但是，如对某个受术者抱有特别的好感也是不可取的。好感有可能导致感情用事，感情用事则可能或者迁就受术者，放慢暗示的进程；或者企图一蹴而就，超越必经的阶段。

有些心理治疗学家还认为，倘若催眠师对异性受术者怀有性欲方面的联想，或有一种优越感，这种联想和感觉特别容易在对受术者的诱导阶段中显现出来。尤其是当催眠师想使受术者为自己的催眠暗示自由操纵时，这些欲念会更加强烈。为了满足自己的这种不健康的心态而对他人实施催眠术的人为数不少。一方面，怀有这样的心态而导致的自身注意力的不集中事实上很难使受术者进入催眠状态；另一方面，催眠师的这些欲念以及不知不觉中的自然流露，会招致受术者的鄙视或反抗，还有可能使受术者产生新的心理纠葛或心理因素。

此外，在诱导过程中，当受术者正顺着暗示的轨迹被引进、逐步加深之时，有些施术者由于自身个性上的懦弱，会出现犹豫不决、欲行又止的情况。催眠的实践告诉我们：如若错过将受术者导入更深一步状态的"关键期"，受术者则可能回复到清醒状态。

在深化阶段，催眠师本身也有可能产生与导入阶段相类似的困扰，即由于无法理解和消除受术者身上还残存着的不安和紧张以及可能出现的反抗，极可能会对受术者产生敌意与反抗，进而出现攻击性的态度与行为。这些当然都对受术者催眠程度的深化不利。此时，催眠师应克制自己的感情，冷静理智地对待受术者，应通过精细的观察与一系列有目的的试探，发现受术者不安与紧张的根本原因所在。也可以暂时停止深化的步骤，采用恰当的暗示语和放松法以彻底消除受术者的不良情绪，再进行深化的步骤。

在治疗和觉醒阶段，催眠师应注意的问题是要在一定程度上发挥受术者的能动作用，以消除各种心理上的疾患。如果受术者始终是在被动状态下接受治疗，那么清醒以后对催眠师的依赖性也将增大，甚至会产生移情现象。有些治疗者为了一时的顺利，始终使受术者处于被动状态，而不设法调动其自我的健康的心理潜能，这么做，往往只能收效于一时，而不能长期、有效、从根本上消除受术者的心理疾患或各种心因性疾病。

在觉醒阶段，经常出现的一个错误就是有些催眠师由于自身心态不够健康，支配别人的欲念强烈，或由于留恋在催眠过程中自身体验到的优越感，每每迟迟不愿为受术者解除催眠状态。值得着重强调的是，当受术者被维持在一种"无所事事"的催眠状态中时，潜意识中会体验到强烈的欲求不能满足之感。在度过一段"无从事事"的催眠状态而觉醒后，受术者会发生智力倒退现象或产生企图沉溺于催眠心态的情况。这当然是应当引起初学催眠术者高度重视的问题之一。

（三）催眠师要有较高的注意力稳定性

在催眠过程中，不仅要不断地暗示，要求受术者的注意力高度集中，同时催眠师的注意力也要高度集中，摒弃一切杂念，聚精会神观察受术者每一个最为细小的表情变化，努力建立起双方的感应关系。从来没有听说过心猿意马、三心二意的催眠师获得成功的。与之相反，越是声名卓著的催眠师，越重视在催眠过程中保持高度集中的注意力。

五 催眠师的道德规范

在催眠状态中，尤其是在较深的催眠状态中，受术者犹如牵线木偶或机器人，完全听从催眠师的指令，甚至干一些荒唐的事情也全然不知晓。我们也已经知道，在催眠状态中，受术者的潜意识全面开放，心理防卫机制已不复存在，经由催眠师的暗示，潜藏在心理世界最深层的各种"隐私"会和盘托出、暴露无遗。应当说，对于某些心因性疾病的治疗来说，进入这样的状态和诱导出这种种隐私是必要的。但是，催眠师决不应该利用这一情况来达到自己的某种企图或者将受术者的种种隐私作为茶余饭后的闲话谈资而四处传播。从国外的资料上已经发现：不道德的催眠师利用受术者在催眠状态中对一切浑然不觉的情况进行性犯罪的时有发生，利用后催眠暗示唆使受术者犯罪的案例亦不鲜见。这种做法的后果自然不言自明。即使是将受术者的隐私四处传播的情况也将产生恶劣的影响，比如当受术者知晓这一情况后，有可能终生背上沉重的十字架，而无法解脱，原先的心理疾病不仅不会减轻，反而会加重。

所以，在催眠过程中，不应要求受术者做一些与治疗疾病无关的动作，说一些与治疗疾病无关的话。对受术者吐露出的隐私，不能向任何人透露。并且，在施术之前就应以庄重的态度向受术者作出保证。由此看来，催眠师的高尚的道德品质是何等的重要。

一个更为可怕的情况是，据我们所知，有些邪教教主就曾很用心地研习过催眠术，以作为控制他人精神世界的手段。事实上，邪教中就有人直接运用催眠术来达到他们的罪恶目的。无疑，这对他人、对社会都是一件十分危险的事情。

针对上述情况，行业协会正在制定与施行相关规范。卡特在有关催眠术的《专业和伦理的问题》一文中写道：

英国医学学会已经两次调查催眠的现状和医疗过程，而且也在考虑在运用催眠术这样的技术时，需要进行怎样的社会控制。两项研究结果已经以报告的形式出版。两个报告都指出，催眠已经被发现确实有真实的效果，而且两者预测，催眠将成为一种医疗手段。第一，不论是对大量文献的审定，还是委员会成员自己所做的实验，都承认催眠现象的客观真实性，而且认为催眠具有重要的治疗能力。报告认为应该对医生使用催眠疗法进行限制。第二，基于文献的研究和专家提供的证据，建议催眠的使用者应该被限制在"在医患关系方面遵守伦理规范的人"。

简言之，英国医学学会（BMA）设立的委员会把催眠视为一种治疗的方法，他们提交的报告明确地肯定催眠具有真实的疗效，所以必须从公众的利益出发，对这样的技术的使用加以正规的控制。

国际催眠协会（ISH）和它的每一个会员单位都已经发布了一个催眠师伦理规范。这一规范也被英国实验与临床催眠协会（BSECH）所采用，而且在协会的会刊中刊载了国际催眠协会的规范。英国实验与临床催眠协会的全体会员只有在保证遵守这一规范的条件下才被允许入会。国际催眠协会的其他分会也有相似的规范和规则。

参考文献

孟昭兰主编《普通心理学》，北京大学出版社，1994。

杜文东主编《医学心理学教程》，南京出版社，1990。

张伯源等编著《变态心理学》，北京科学技术出版社，1986。

张亚:《催眠心经》，上海科学普及出版社，2006。

童小珍等主编《催眠术手册》，黑龙江科学技术出版社，2007。

徐鼎铭:《催眠秘笈》，台北：元气斋出版社有限公司，1997。

官槛老人编译《世界催眠法总集》，台北：汉欣文化事业有限公司，1983。

〔奥〕弗洛伊德:《精神分析引论》，高觉敷译，商务印书馆，1984。

〔美〕L.A.珀文:《人格科学》，周榕等译，华东师范大学出版社，2001。

〔美〕约翰·多拉德、尼尔·米勒:《人格与心理治疗》，李正云、王国钧译，浙江教育出版社，2002。

〔英〕迈克尔·赫普、温迪·德雷顿编《心理催眠术》，贺岭峰、李川云、田彬译，上海社会科学院出版社，2007。

〔德〕Dirk Revenstorf、Reinhold Zeyer:《自我催眠：做自己的心理治疗汤》，方新译，中国轻工业出版社，2007。

图书在版编目(CIP)数据

催眠术教程 / 邰启扬主编. -- 2版. -- 北京：社
会科学文献出版社, 2018.3
（邰启扬催眠疗愈系列）
ISBN 978-7-5201-2100-2

Ⅰ.①催… Ⅱ.①邰… Ⅲ.①催眠术－教材 Ⅳ.
①B841.4

中国版本图书馆CIP数据核字（2017）第327273号

·邰启扬催眠疗愈系列·

催眠术教程（第2版）

主　　编 / 邰启扬
副 主 编 / 李娇娇

出 版 人 / 谢寿光
项目统筹 / 王　绯　黄金平
责任编辑 / 黄金平

出　　版 / 社会科学文献出版社·社会政法分社（010）59367156
　　　　　　地址：北京市北三环中路甲29号院华龙大厦　邮编：100029
　　　　　　网址：www.ssap.com.cn
发　　行 / 市场营销中心（010）59367081　59367018
印　　装 / 三河市尚艺印装有限公司

规　　格 / 开　本：880mm×1230mm 1/32
　　　　　　印　张：11.5 字　数：236千字
版　　次 / 2018年3月第2版　2018年3月第1次印刷
书　　号 / ISBN 978-7-5201-2100-2
定　　价 / 68.00元